本书为国家社科基金重大招标课题：
"我国刚性社会矛盾趋势分析与化解对策研究"
（课题编号：14ZDA061）的阶段性成果。

社 会 学 丛 书

# 中国农村的环保抗争：
# 以华镇事件为例

邓燕华　著

中国社会科学出版社

**图书在版编目（CIP）数据**

中国农村的环保抗争：以华镇事件为例／邓燕华著．—北京：中国社会科学出版社，2016.11

ISBN 978-7-5161-8826-2

Ⅰ.①中… Ⅱ.①邓… Ⅲ.①农业环境—环境保护—研究—中国 Ⅳ.①X322.2

中国版本图书馆 CIP 数据核字（2016）第 205121 号

| 出 版 人 | 赵剑英 |
| 责任编辑 | 朱华彬 |
| 责任校对 | 张爱华 |
| 责任印制 | 张雪娇 |

| 出　　版 | 中国社会科学出版社 |
| 社　　址 | 北京鼓楼西大街甲 158 号 |
| 邮　　编 | 100720 |
| 网　　址 | http：//www.csspw.cn |
| 发 行 部 | 010 - 84083685 |
| 门 市 部 | 010 - 84029450 |
| 经　　销 | 新华书店及其他书店 |

| 印　　刷 | 北京君升印刷有限公司 |
| 装　　订 | 廊坊市广阳区广增装订厂 |
| 版　　次 | 2016 年 11 月第 1 版 |
| 印　　次 | 2016 年 11 月第 1 次印刷 |

| 开　　本 | 710×1000　1/16 |
| 印　　张 | 15.5 |
| 插　　页 | 2 |
| 字　　数 | 215 千字 |
| 定　　价 | 58.00 元 |

凡购买中国社会科学出版社图书，如有质量问题请与本社营销中心联系调换
电话:010 - 84083683

# 前　言

　　有人问我："你的书稿成于六年前，现在是否还有出版的必要？"我想了想，给予了肯定的回答，理由有三。首先，在过去几年时间里，有关中国环保抗争的专著十分罕见。在国内几大图书网站上，我们几乎找不到相关学术著作。其次，研究抗争政治之难是学界共识，我在合适时点获得关键人物的帮助，搜集到丰富的材料，自觉此等研究机会很难再现。因此，充分挖掘已有资料，推进相关研究，是在珍视自己的幸运。最后，本书的几个章节虽已在 *The China Quarterly*、*The China Journal*、*Journal of Contemporary China*、《社会学研究》以及《管理世界》等杂志上发表，但文章终无法像专著那样，可以全面细致地梳理事件的来龙去脉。

　　这一专著的原型是我的博士论文。论文得到了答辩委员会成员的肯定，并于 2011 年获得两岸四地第一届思源人文社会科学博士论文奖。在这本著作中，我认为以下几点对了解中国农村的环保抗争有一定帮助：（1）社会关系会影响农民对环境污染的容忍程度。在本书中，我区分了"自己人制造的污染"和"外人制造的污染"，并指出农民对外人制造的污染容忍度低，抗争意愿高。（2）环境问题与其他社会议题纵横交织，议题间的连带拓宽了抗争机会结构。但是，行动者对各种机会并非均力使用，而会有选择地利用更具操作性的议题机会，以解决他们真正关注的问题，如本书第二章分析的"借土地问题做环保文章"现象。（3）污染受害者虽然得到中央政府的同情，但在地方参与环保抗争仍然极具风险。本书重点介绍了华镇积极分子所采取的各种风险降低机制，如发挥老年人的"弱武器"、利用老年协会的组织包容性、依靠村委会选举这一合法平台、将空间作为动员结构以及借助传统仪式开展抗争表演。（4）我运用深入访谈获得的信息以及翔实的档案资料，分析各级政府对华镇环保抗争的回应。我尤其关注地方政府动员与抗争者有关的体制内成员去开展的"关系控制"。当然，随着研究的深入发展，过去的发现很可能变成当下的常识。但我认为，只有那些最终能成为常识的发现，才值得我们孜孜以求。

2

　　本书基本按我博士论文的原貌出版，只有个别处由于众所周知的原因而作了相应修改。因此，本书所参考的文献未必是时下最新的，希望读者能够原谅我的慵懒。但是，这样做也未必没有好处。如果读者（特别是像我一样刚走上学术道路的年轻博士）有兴致将本书与我同合作者发表的论文对照，则可以了解我们将博士论文转化为学术出版物的过程。在这方面，我是幸运儿，得到多位学术前辈手把手的指导，有他们陪我走过学术之路最坎坷的一段。

　　本书能够写成，离不开众多支持。首先我要感谢为我田野研究提供帮助的朋友，感谢接受我采访的农民和官员。没有他们，就没有这个研究。匿名的感谢虽无以足够表达我的感激，但恐为最适切的致谢。华东师范大学高恩新博士与我分享了他的田野资料，我十分感激。我要感谢我的博士论文委员会成员，他们是杨国斌教授、曹景钧教授和詹晶教授，他们对我的研究提出了最早的批评和建议。我要特别感谢我的导师李连江教授和我的合作者欧博文（Kevin J. O'Brien）教授。李老师学高身正，让我敬佩，令我感动。每次与导师从香港中文大学联合书院走到大学站，都是愉悦的心智之旅。海阔天空的漫谈，不仅缓解了我的写作压力，也为论文的推进提供了思路。加州大学伯克利分校的欧博文教授对学术的热爱，令我钦佩。他在合作中给予我学徒式的指导，将使我终身受益。

　　本书的出版得到了南京大学社会学院朱力教授主持的国家社科

基金重大招标项目的支持（课题编号：14ZDA061），在此我对朱老师的慷慨表示感激。另外，我还要感谢中国社会科学出版社的冯春凤老师，她精心的编辑减少了本书原有的错误。

　　最后，我希望将这本著作献给我的父母。他们都是普通善良的农民，从小教我如何向农民朋友学习。没有他们不倦的教诲，就不可能有我今日的成长。

邓燕华

2016 年 2 月 16 日

# 目　录

# 导　论

随着污染企业"上山下乡"，中国农村的环境日趋恶化（张周来等 2007；周甲禄等 2007；苏显龙 2006）。地方的招商常沦为"招伤"，污染企业虽暂时给政府带来了"金山银山"，却使农民失去了绿水青山和身体健康[①]。有调查显示，中国已进入环境污染危害的爆发期（杨东平 2010；欧阳海燕 2010），农村环境问题十分突出（中国环保部 2009）。同时我们还观察到，最近几年来农民为保护生存环境而展开的抗争，数量日益上升，规模不断扩大，烈度逐渐升级[②]。农村的环保状况和农民的集体抗争令宣扬科学发展观和以人为本的中国政府十分担忧。中央八部委于 2007 年联合制定的《关于加强农村环境保护工作的意见》指出："农村环境形势严峻。" 2005 年浙江省农村发生多起大规模环保抗争后，时任省委书记习近平指出："污染不治，百姓难安；污染不治，社会不稳"（赵晓 2006）。

但是，对环境问题的重视只是"两头热、中间冷"（鞠靖 2007），环境保护在地方政府的实际工作中一般是"说时重要，做时次要，矛盾时不重要"（郄建荣 2009）。更严重的是，地方政府常是污染企业的保护伞，与它们结成了共生关系："执

---

[①]　近年来中国沿海一带不断出现癌症村，参见邓飞（2009）。

[②]　原环保总局局长周生贤曾指出，因环境问题引发的群体性事件以年均 29% 的速度递增。2005 年，中国发生环境污染纠纷 5.1 万起，参见周生贤（2006）。

法者依靠违法者，违法者养活执法者，违法者不怕执法者，执法者包庇执法者"（鞠靖 2007）。所以，农民认为："官不清则水不清"（刘世昕 2006a）。因官商共谋，农民的环保维权胜算甚小：经年上访未有回应，环保官司屡诉屡败，直接行动常遭压制（参见孙丹平 2001；孔令泉 2009；姚斌 2010）。如下一首打油诗是农民环保维权的一个真实写照："自从开了钒矿，板桥人民遭殃。吸的粉尘毒气，喝的污水砒霜。三五相约阻工，遭遇老拳刀棒。村民群发中毒，志士孤身上访。奈何呼天不应，愤然远走他乡。"

在农民环保维权困难重重的情况下，浙江省 D 市华镇①的农民却在 2005 年的环保抗争中获得了"罕见的胜利"（Watts 2005）。在华镇事件中，农民通过两个月的正面抗争，最终迫使地方政府关闭了整个化工园，他们的环保诉求可以说获得了全面的回应。华镇农民的抗争为什么能获得这么大的成功？在回答这个问题前，我们有必要先对华镇农民的环保抗争历程有个总体的了解。

## 华镇农民的环保抗争

华镇农民的环保抗争历程大体可以分为三个阶段：（1）2001年的暴力抗争；（2）从 2004 年 4 月到 2005 年 3 月的依法抗争；（3）从 2005 年 3 月 24 日到 5 月 20 日的扰乱式抗争，整个华镇事件持续到 2006 年 1 月 9 日地方法院对与事件相关的村民作出判决为止。本论文主要研究华镇事件中农民与政府之间的互动及

---

① 本书中省级以下的地名都经过了匿名化处理。我给主要的地名取了学名。主要地名的隶属关系是：黄奚镇与黄凡镇于 2003 年 10 月合并成华镇，华镇隶属于 D 市，而 D 市是 J 市的一个县级市。本书涉及的主要华镇村庄包括黄奚村、黄扇村、西村、黄凡村，其中黄奚村由原黄奚六个村（黄奚一、二、三、四、五、六村）合并而成，黄奚五村是华镇农民环保抗争的最主力村庄。其他不常提及的地名用英文字母替代。

其结果。为了更好地理解事件的前因后果，我首先介绍华镇事件发生前的暴力抗争和依法抗争，然后交代华镇事件的主要进程。我将在其后的章节中深入探讨华镇农民抗争获得成功的机制。

## 暴力抗争

华镇农民的抗争始于 2001 年 D 市（县级市）政府在黄奚镇建立桃源工业园①。化工业是 D 市的支柱产业②，是政府税收的主要来源之一③。为了加快产业的集聚与提升，市政府于 2000 年提出"三区十园"的发展战略④，其中一园就是坐落在黄奚镇的桃源工业园。桃源工业园建在黄奚五村、黄奚一村和黄扇村的土地上。至华镇事件爆发前，桃源工业园占地 960 亩⑤，其中有 500 余亩土地来自黄奚五村；园区有 13 家企业，主要生产农药、化学制剂和医药中间体等。桃源工业园与黄奚村⑥、黄扇村只有百米之遥，与黄奚中学只有一路之隔，距黄奚小学也仅数百米（参见图 0－1）。

黄奚农民早期的环保抗争源于对预期污染的恐慌。这个阶段抗争的关键人物是黄奚五村的党支部书记 W⑦。W 原是桃源工业园的积极推动者，但他极力反对引入可能带来严重污染的 D 公司，为

---

① 桃源工业功能区原名桃源工业园，后因土地不合法被浙江省政府下文撤销。但 D 市市政府在省政府下令撤销前，已将工业园改名，从而可以让其继续存在。桃源亦为学名。

② 化工业在 2000 年时已是 D 市政府重点发展的三大支柱产业之一（参见 D 市《2000 年重点工作》）。到 2004 年，化工业工业产值占全市规模以上企业工业产值的 25.4%（参见 D 市市长 F 在 2005 年 3 月 28 日 D 市第十二届人民代表大会第三次会议上的《政府工作报告》）。

③ 2004 年，在全市 13.9 亿元的工业利税总额中，化工业贡献的利税接近 3 亿元，参见戴玉达（2006）。

④ 参见前 D 市市长 LZY 于 2001 年 3 月 19 日 D 市第十一届人民代表大会第四次会议上所作的《政府工作报告》。

⑤ 规划面积为 1800 亩。

⑥ 2004 年 10 月 16 日，原黄奚六个村撤并成黄奚村，总人口约 8000 人。现在的黄奚总村在人民公社时期叫王宅，在民间黄奚村仍然俗称王宅。王宅为学名。

⑦ 本研究所涉及的人名通过两种方式匿名：（1）访谈对象用采访编号替代真名，如 C1、V1、P1；（2）非访谈对象但本研究提及的人名用英文字母替代。

3

此采取了一系列活动。2001年9月7日，W以党支部的名义发布"召开黄奚村村民代表会议的通知"，准备集体表决D公司引入一事，但因地方政府阻止，会议未能如期召开。之后，W与其朋友通过咨询化工业内人士，并在实地调查之后，于10月中旬撰写了《给D公司画像》（下称《画像》）一文，后从J市向王宅150余名较有影响的村民寄出该文。《画像》描述了D公司生产的产品、产品可能造成的危害、D公司不良的环保纪录、迁到黄奚将会带来的灾难等。这些信息引起了农民的恐慌。家离化工厂较近的村民P4、WRJ二人立刻自费将《画像》复印千份，四处张贴，广泛散发。10月18日，WRQ、WXQ和WGL三位村民还挨家挨户宣读《D市黄奚镇五村村民联名呼吁（请求）书》，收集到600多个村民的签名，以备日后上访之用。《画像》一文与联名活动，使工业园附近的几个村庄沸腾了起来。

黄奚农民早期的环保抗争以"10.20事件"这个短暂的暴力抗争为高潮，这一事件是地方政府对污染企业进行过度袒护而激化的结果。《画像》传开后，不少村民到镇政府咨询D公司的环保情况。镇委书记XCD在回答村民"化工厂有没有毒"的问题时，一直强调，D公司的"环保是过关的，废水可以刷牙、可以养鱼，废渣可以喂猪"（P10，2007年5月29日）①。2001年10月20日傍晚，村民将正在酒店应酬的XCD叫出，让其再次解释"农药厂到底有没有毒"，XCD仍然继续为D公司作过度无毒辩护。愤怒的村民遂将他架往化工园，一路又拖又打。待挟持镇委书记的队伍到达化工园区时，已有数千村民将园区围得水泄不通。然后村民继续推着XCD，绕着偌大的化工园走了一圈，让他看看试生产的化工厂

---

① 我将采访对象分为三类，并做了相应的编号：市镇两级干部从C1开始编号，乡村权力精英从V1开始编号，接受采访的农民从P1开始编号，详见附录一。引用访谈数据时，我将用编号加采访时间的方法指明访谈数据的来源，如（P10，2007年5月29日）表示所引用的访谈资料来自2007年5月29日对编号为P10这一访谈对象所做的访谈。

排出的废水是否可供他刷牙洗脸，废渣是否还能喂猪（P8，2007年5月27日）。把镇委书记打了骂了，村民还不解恨，接着把D公司的围墙推倒，将已开始试生产的两家化工厂的门窗砸毁（V12，2007年5月27日），也有人"趁机冲进去把计算机砸了，把电话机搬回自己家里去"（C18，2007年6月29日）。镇委书记后被人救出送往医院，医院鉴定他因挨打致成大面积软组织挫伤、肾挫伤和脑震荡，但属轻伤。

地方政府对"10·20事件"的相关村民展开了从快从严的以法控制。在事件发生后的几天时间里，黄奚六个村、黄扇村、DY村有30多名村民被传唤，其中十几个人被拘留（V2，2007年6月17日）。有几个村民几天后就被释放，但十个村民一直被关押了八个月后，D市人民法院才开庭审理，判处十人以九个月至三年不等的刑期，这10人中仅3人在"10·20事件"的现场打砸过（P3，2007年7月15日）。地方政府的以法控制起到了极大的震慑作用，黄奚村民在其后的两年多时间内，没有真正开展过集体抗争活动。

**依法抗争**

黄奚村民从2004年初到2005年3月主要通过信访进行依法抗争。新一轮的抗争得以重启有两个主要原因。首先，桃源工业园内十几家企业的污染导致附近村庄的环境恶化，村民身体健康受损，农业生产遭到破坏。其次，浙江省政府为执行中央政府对工业园区整顿的政策，于2004年4月16日在《浙江日报》上发表公示，下令撤销627个开发区或园区，桃源工业园名列其中。因"10·20事件"入狱的黄奚村民，特别是P3、V2等人，看到报纸后认为"报仇"的时机已到。这些村民原打算通过行政诉讼平反"10·20事件"，并附带解决工业园的污染问题和土地问题。但因老年协会只帮他们募到3.7万元的经费，凑不齐50万元的律师代理费，他们之后不得不转向上访这条依法抗争之路。

在依法抗争阶段中，村民两次派代表赴京上访。2004年7月

13 日，四位黄奚村民第一次到北京上访，向国家信访局、国土资源部、国家环保总局等部门递交了材料。第二次进京上访是在 2004 年 10 月 20 日，那是 D 公司生产管道爆裂、泄漏大量有毒气体后的第三天。第二次赴京上访与第一次不同的是，此次赴京人员不全是黄奚五村的村民，西村和黄扇村也各派一名代表同往。第二次进京上访虽然也去了相关部委信访部门，但上访的重点却落在有影响的媒体上。他们先后去了《人民日报》、《中国化工报》、《中国青年报》、新华社、中央电视台第七套栏目《聚焦三农》、《焦点访谈》、《今日说法》等媒体。村民两次进京上访都顺道去了杭州，到浙江省环保局、国土资源厅、省委省政府信访办上访。桃源工业园的污染问题影响到众多村庄，像西村、黄扇村不仅派人同黄奚六个村的代表一同上访，各个村庄还多次自行组织村民去 D 市、J 市和省府杭州相关部门反映问题。在黄奚村民采取直接行动前，各个村庄的老年协会还组织会员隔三岔五地去 D 市政府上访。

农民的依法上访没有改变污染状况，也没能收回集体土地，但却获得了两条信息，成为他们后来扰乱式抗争（disruptive resistance）的合法性来源：（1）2004 年 10 月 20 日，P3、V11 等人在第二次赴京上访前，顺便去浙江省环保局了解情况，结果他们从环境违法行为举报受理中心处获得了"省局从未认可 D 市黄奚镇化工园区，也未审批过园内农药项目"的证明；（2）他们在上访过程中还获知 D 市国土资源局在 2004 年 7 月 26 日分别对化工园区内的 14 家企业作出了行政处罚，责令企业退出土地。

农民在依法上访过程中遭到的冷遇，最终将他们推向了直接行动（direct action）。2005 年 3 月 15 日，黄奚村村民包了两辆中巴客车，上百人去 D 市政府上访，政府官员对他们爱理不理，村民一气之下打道回府。这是华镇事件前的最后一次群访，农民后来的集体行动已基本不是在请求政府，而是给它们下最后通牒。2005 年 2 月 28 日，黄扇村去函 D 市政府，告之"黄奚黄扇村民将组织人民监督企业退出土地"。3 月 16 日 D 公司再次发生生产事故，次日下午黄奚村 100 多名村民到达镇政府，P1 代表村民提出两条建议：（1）要求市主要领导来华镇现场办公；（2）如在 4 月 15 日前尚未得到解决，要求市政府在那天准备一千人的茶水和中饭①。3 月 22 日，P1 又到镇里提建议，进一步提前了行动的日期："我们 3 月 28 日要准备千人到人大会议去找 T 书记②，原因是一次次找不到 T 书记，我们要求最好在 28 日前请 T 书记出来到华镇政府进行答复，如果 28 号前 T 书记到华镇进行答复，我们可以不去（上访）。"（C19，2005 年 3 月 22 日工作日志）正当 D 市公安局和信访局将黄奚人的集体上访列为两会前重点防范的 11 件信访问题之一时，黄奚村民已经看透并放弃了上访。3 月 24 日，未等到人大会议开幕，黄奚的老年人已经开始搭棚堵路了。

### 扰乱式抗争

从 2005 年 3 月 24 日到 5 月 20 日，华镇农民采取了搭棚堵路这一扰乱式的抗争策略，整个华镇事件一直延续到次年 1 月 9 日地方法院对九名华镇事件的被告村民作出判决为止。在华镇事件中，全镇共有 22 个自然村卷入搭棚抗争（参见图 0-1），竹棚最多时近 30 个。地方政府对农民的搭棚堵路这一扰乱式抗争采取了两种回应模式：（1）以情感工作为主的软式管理；（2）以运用强力和法律为主的硬式控制。

从 2005 年 3 月 24 日到 3 月 31 日是农民搭棚抗争的第一阶段，互动双方主要是黄奚五村村民和华镇镇政府。在这一阶段中，黄奚五村老年村民于 24 日、26 日、27 日和 28 日四次在工业园区的进出口处设障堵路，并搭建竹棚一顶以供休息之用。面对农民的搭棚堵路，镇政府迅速出警，将路障和竹棚及时拆除，但每次行动都未能制止农民的再次搭棚。尤其值得一提的是，3 月 28 日镇政府联

---

① 意思是那天将有超过 1000 名的村民会去集体上访。

② D 市市委书记 T。

合黄奚村村干部拆棚时，不但致使两位老人受伤，而且还将用以搭棚的毛竹、尼龙布以及老人守夜防寒的棉被当众烧毁。因为这把火，农民提出了极具动员力的"抗毒反贪"口号。3月29日，400多名家长到黄奚中学，要求调查学生饮用水问题，次日又有百名家长到学校理论。3月31日，农民重新开始设障堵路。

**图 0-1  参与搭棚抗争的自然村①**

从4月1日至9日这段时间，是农民搭棚抗争的第二阶段。农民于4月2日再次搭棚，竹棚规模不断扩大，4月4日现场有竹棚15顶，4月6日上升到18个。搭棚区的老人，通过各种抗争仪式（如烧香、跪拜等）与地方政府周旋。地方政府在这一阶段主要采取情感工作的回应方式，即通过下派工作组进村入户做农民的思想

———————

①  图中标出16个参与的自然村，其中黄奚村有五个自然村参与。另有6个自然村不能在地图中准确地标识，故未标出。图中只有最主力抗争村庄标了学名。感谢吴璞周先生为我制作了这幅地图。

工作，试图先拆农民心棚，再拆抗争竹棚。从4月1日至9日，地方政府共下发各种政策及宣传资料21份（C4，《关于D市"4·10"事件有关情况的汇报》），责令所有化工厂从4月2日开始停产整治，并承诺通过"十条意见"改善农民的生活环境。地方政府还在4月6日前后，刑事拘留了8名村民。情感工作和以法控制均未能使农民自愿拆除竹棚，停止抗争。

4月10日，地方政府突然采取大规模拆棚行动，结果酿成了"4·10事件"。2005年4月10日凌晨四点半，D市五大领导班子全体出动，率领一支1500余人的队伍，抵达黄奚执行强制拆棚任务。竹棚很快就被拆完，但拆棚大队在撤退过程中与迅速赶到的农民发生了肢体冲突，104名官员、200多名农民有不同程度的受伤，68辆政府方面的汽车被砸被烧。

从4月10日下午到5月20日这段时间，是农民搭棚抗争的第四阶段。农民在"4·10事件"发生的当天下午就开始重新搭棚，保护政府行动后的现场，并展示地方政府强制拆棚时留下的刀具、警棍、催泪弹筒等，特别展示的是停在现场的60余辆被毁坏的汽车。事件发生后的五天里，据称每天有几万游客前往黄奚参观抗争景观。地方政府为清理现场，被迫向村民妥协，于4月14日将此前刑拘的7名村民释放，这才使所有被毁汽车于4月15日得以清理。"4·10事件"成为官民互动的转折点。农民自此站上了道德高地，抗争行为不再温和，甚至有暴力倾向，如4月25日一企业老板被老年人抓入棚内接受长时审讯、4月30日两个"叛徒"的家被砸、5月3日农民摆骨灰盒给市委书记"送终"等。地方政府在这一阶段仍主要以情感工作的方式应对，J市政府还于5月9日下派20多名官员加入华镇工作组。面对农民的抗争高潮，在高层政府的压力下，地方政府被迫作出一步步的妥协：先于4月15日下文关闭两家企业、责令其他企业继续停产；后于19日组织13名省级专家调查污染情况，并于30日作出再关停3家企业、另3家企业停产整改的环保决定，遭停产整改的三家企业因被告知很难达到环保要求也自愿搬迁，寻求异地生产；自5月11日始，各企业开始搬迁。5月20日，地方政府借助当地社会力量，拆除了所有的抗争竹棚。至8月底，所有化工厂搬迁完毕。

从2005年5月21日开始到2006年1月9日，地方政府对部分抗争者采取了以法控制。9名村民被刑事起诉，其中3名被判入狱，5名获得缓刑，另一名被免于追究刑事责任。这样的判决，在打伤大量官员、毁坏大批公物的农民看来，属于轻判。除了以法控制，地方政府继续做农民的思想工作，给农民提供了额外的公共产品。另外，地方政府对基层官员和组织进行了整顿，召集各级官员对华镇事件进行反思与学习。

10

华镇农民三个阶段的抗争获得了不同的结果：以暴力抗争为主的"10.20事件"不但没能阻止化工园的建设，反而使10个村民锒铛入狱；在第二阶段，农民通过上访这一依法抗争形式，没有获得任何实质性的结果；但在第三阶段，老年村民通过搭棚堵路的抗争，迫使地方政府关闭了整个化工园。华镇农民的环保抗争为什么能如此成功？

本研究以华镇事件为个案，探讨当代中国农民环保集体抗争获胜的机制。我认为，华镇农民之所以能成功地迫使地方政府关闭严重污染环境的化工园，是因为他们把"抗毒"与"反贪"这两个框释有机地联合起来，巧妙地以村庄正式组织为动员结构，创造性开发了属于老年人的抗争机会。这三个步骤，一方面，增强了农民的抗争力量；另一方面，有力制约了地方政府的回应。

## 理论框架

### 怨恨与框释

怨恨（grievance）是个体或群体因权威部门对待社会或政治问题的方式而产生的愤怒（Klandermans 1997，p.38），是因在分配上受到了不公或在程序上遭到了不敬而感到的痛恨（Tyler and

Smith 1998）。怨恨包含认知因素和情感因素（Law and Walsh 1983；van Zomeren 2006），即包括观察到的不公不敬以及由此而生的不满愤恨。

在社会运动理论文献中，怨恨这个概念被集体行动理论和资源动员理论逐渐边缘化。这两个理论流派的研究者不再像经典社会运动理论家那样，主要用怨恨这个变量去解释集体行动的发生（参见 Gurney and Tierney 1982；Finkel and Rule 1986）。集体行动理论的研究者即使承认怨恨有可能成为个体参与社会运动的激励机制，但认为它能否起作用还要看个体是否觉得自己的参与对公共产品的获得具有显著的影响（如 Olson 1965；Popkin 1979；Hardin 1982）。不少研究资源动员的学者甚至更彻底地否认怨恨在动员个体参与社会运动中的作用，他们认为怨恨无所不在，因而不能解释社会运动在某一具体时空的爆发（如 McCarthy and Zald 1977；Jenkins and Perrow 1977；Tilly 1978）。中庸一点的学者，也认为只有当社会结构提供了行动的机会，怨恨才能驱动个体参与社会运动（Walsh 1981；Walsh and Warland 1983；Law and Walsh 1983）。

框释（framing）分析理论（如 Snow et al. 1986；Snow and Benford 1988，1992）在一定程度上挽救了怨恨这一概念在抗争政治中的地位，将怨恨视为非正义框释（injustice frame）（Cable and Shriver 1995；Klandermans and Goslinga 1996；Klandermans et al. 1999）形成的资源。但是，框释分析理论更强调专门的运动组织在框释形成过程中的作用。对于中国这样一个没有专门社会运动组织的国家①，怨恨是如何被升华成非正义框释的？华镇农民在抗争中为什么会将"抗毒"与"反贪"这两个框释联合起来②？

① 在华镇农民抗争中起动员结构作用的村民委员会和老年协会不是专门的社会运动组织。

② 并不是说在华镇事件之前黄奚村村民没有同时提过抗毒与反贪的目标，他们的上访信经常同时出现这两个主题。我在这里讨论的问题是，为什么村民一开始搭棚时，集体行动的框释是"抗毒"，而不久后的反抗变成"抗毒"与"反贪"两个框释并重。

华镇农民的怨恨有多个来源，多种怨恨有共同的指向。在搭棚抗争前，华镇农民经历了"10.20事件"带来的怨恨、污染导致的怨恨、官员腐败产生的怨恨以及在上访过程中形成的怨恨。但是，这些怨恨并不是孤立的。由于具有地方统合主义（local state corporatism）（Oi 1992，1995）特征的中国地方政府过分地卷入经济发展、过度地为企业保驾护航，这将社会上的各种怨恨的矛头指向了地方政府。心怀怨恨的中国农民，很少会出现像 Klandermans（1999）等人所研究的芬兰和西班牙农民那样，在已被动员起来时，还不知自己的逆境该由谁负责。怨恨指向的一致，为不同框释的联合奠定了基础。

联合框释的提出，需要将不同的框释桥接起来。所谓框释桥接（frame bridging），是指将意识形态兼容但在结构上脱节的两个框释加以整合（Snow et al. 1986，p. 467）。在西方社会运动中，框释桥接主要是通过人际网络、大众媒体、电话和邮件等管道，以组织的外展接触（organizational outreach）和信息的散布等方式实现（Snow 1986，p. 468）。在华镇农民抗争中，抗毒与反贪这两个框释得以桥接，并不是专门运动组织努力的结果，也不是通过邮件组等"新技术"（McCarthy 1986）加以联系的产物。在华镇事件中，桥接抗毒和反贪这两个框释的主要动力，是地方政府的强力回应。在农民抗争的早期，镇干部联合村干部控制老人的搭棚活动，这一过程催生了即时性的议题倡议家（issue entrepreneur）（McCarthy and Zald 1977，p. 1215）。他们通过自己的话语能力，将两个分立的框释联合起来，提出了"抗毒反贪"的联合框释。这一联合，将未被动员起来的情感储备（unmobilized sentiment pools）（McCarthy 1986）激发出来，扩大了华镇农民抗争的规模，增强了农民的抗争力量。

### 动员结构

集体抗争所需的资源，大多经由动员结构（mobilizing structure）凝聚而成。动员结构包括社会运动组织（如 McCarthy and Zald 1977；

Jenkins and Eckert 1986；Taylor 1989）、内生性非运动组织（如教会、大学等）（如 McAdam 1982；Morris 1984；Yashar 1998）、社会网络（如 Lofland and Stark 1965；Snow et al. 1980；Diani and McAdam 2003）以及空间（如 Zhao 1998，2009；Tilly 2000；Sewell 2001）等（McCarthy 1996，p. 141；McAdam，McCarthy and Zald 1996）。

　　在中国环境政治中，环保组织扮演着日益重要的角色，是一些环保活动的动员结构（如 Tong 2005；Sun and Zhao 2008；Yang 2003，2005b）。但是，环保组织大多停留在价值倡导这种低风险的活动上，一般不是环保集体抗争的动员组织（参见 Ho 2001；Schwartz 2004；Tong 2005；Stalley and Yang 2006）。中国环保集体抗争同其他议题的抗争一样，往往表现出即发性（spontaneity）的特征（如 Zhou 1993；Zhao 1998，2001；Tang 2005）。中国集体抗争之所以呈现这个特征，是因为抗争的组织化动员有巨大的风险。在没有风险的集体行动中，组织同样可以在动员过程中发挥重要作用，如赵鼎新（Zhao 2009）研究的大学生反美示威游行。但在有风险的集体行动中，谨慎的抗争者往往倾向于建立非正式的网络，隐藏他们的组织（Li and O'Brien 2008），极少以组织的名义动员集体行动的参与。因而，社会网络往往是有风险的集体抗争的动员结构（如 Shi and Cai 2006）。

　　在威权国家，正式社会组织是否可以成为集体抗争的动员结构？我认为，如果抗争者能利用相应的机制，降低组织动员的风险，这个问题的回答是肯定的。在华镇农民的环保抗争中，村民委员会和老年协会这两个正式社会组织发挥了动员结构的作用。村民委员会成为华镇农民抗争的合法动员平台，是因为抗争代表借助了村委会选举，将抗争议程嵌入到合法的选举程序，从而在全村范围内开展了抗争总动员，这个嵌入机制降低了组织化抗争动员的风险。老年协会成为华镇农民抗争的主导动员结构，是因为老年协会骨干利用协会组织的包容性[①]，模糊了老年人的群体边界和老年协

---

① 即几乎所有的老年村民都是老年协会的成员。

会的组织边界，从而模糊了组织动员参与和个体自愿参与的界限，这一模糊机制也降低了组织化动员的风险。搭棚中的老年人还采取了以空间为基础的动员策略，降低大规模动员年纪较轻者的风险。老年协会是搭棚抗争的台前总指挥，它安排老人值班、给值班人员发工资、向不遵从的老人施压、协调各个村庄之间的抗争活动。抗争领袖利用村民委员会选举进行的全村抗争总动员以及老年协会针对老年群体的专门动员，使华镇抗争既拥有面上的强大支持，又具有点上的突破力量。

14

## 抗争机会

有关抗争机会的研究最关注政治机会（political opportunity）。所谓政治机会，通常是指因制度结构或权力关系的重构而产生的有利于集体行动的因素（McAdam，McCarthy and Zald 1996，p. 3）。不同层面的政治机会又组合而成政治机会结构（structure of political opportunities）（如 Tarrow 1988，p. 429；Brockett 1991；McAdam 1996，p. 27）。McAdam（1996，p. 27）曾列出四种他认为受到了高度认可的政治机会：（1）制度化政治体系的开放程度；（2）作为政体之基的精英联盟的稳定程度；（3）支持社会运动的精英联盟存在与否；（4）国家镇压的能力与倾向如何。华镇农民在2005年搭棚抗争时拥有的政治机会，主要是由中国政治体系的进一步开放产生的，如以人为本和科学发展观等新的政治话语带来的机会，以及因环境政策和土地政策的变化而产生的政治机会。

政治机会理论关注抗争者如何感知机会的问题，因为"在机会与行动之间调节的是人以及人赋予情境的主观意义"（McAdam 1982，p. 48）。已有研究揭示了三种政治机会的感知类型：（1）主观感知到的机会正是政治系统所提供的（如 McAdam 1982；Tarrow 1989；Costain 1992）；（2）已出现的机会未被感知到（Gamson and Meyer 1996，p. 283；Sawyers and Meyer 1999）；（3）感知到的机会是假的（Kurzman 1996；Goodwin Jasper and Khattra 1999，p. 53）。这三种政治机会的感知类型，第一种情形是感知与机会之间的齿合，后两者是感知与机会的失合。但三种感知类型有一共同点，即感知与行动在指向上是一致的。换句话说，实际行动真实地反映了行动者的意识。在本书中，我将研究机会感知与实际行动方向不一致的情形，即抗争者在主观感知上认为机会是假，但在实际行动中却以假当真，将其运用到抗争实践中。之所以会有第四种感知情形的出现，是因为在多层级的政治体系中，中央政府提供的政治机会往往会被消减成形式政治机会，正如政治权威在自上而下的传输中会出现权威的流失（leakage of authority）（Downs 1967，pp. 134 – 135；Tullock 1987，Chapters 15 – 19；Cai 2010，p. 70）一样。对于地方政府提供的形式政治机会，华镇农民尽管十分清楚地认识到这样的政治机会实际上是假的，但依然对之加以工具化的运用。形式政治机会不能解决华镇农民的实际问题，但为他们的搭棚抗争提供了合法性来源。

15

　　除政治机会外，抗争者还拥有其他类型的机会。社会运动的机会既有结构性的因素，也有不稳定的方面（Gamson and Meyer 1996，pp. 279 – 283）；既有制度性的方面，也有情感性的因素（参见 Einwohner 2003），还会是文化层面的现象（如 McAdam 1996，p. 25；Gamson and Meyer 1996；Einwohner 1999 等）。因而，学者建议将"政治机会结构"一词中的政治二字去掉，用"机会结构"（opportunity structure）涵纳其他类型的机会（McCammon et al. 2001，p. 66）。

　　华镇农民在抗争中成功地开发了属于老年群体的抗争机会。老年群体在威权国家中拥有更多的抗争机会，因为老年人身体的脆弱性可以制约地方政府强制力的发挥；同时，老年人可以运用弱者的武器，与地方政府周旋。老年人在抗争中享有的优势，是华镇农民的搭棚抗争得以长时持续的基础。持续性的抗争给地方政府施加了负激励（negative inducement，Wilson 1961，p. 292；Lipsky 1968，p. 1145），造成了制度性的扰乱（institutional disruption）（Piven and Cloward 1979，p. 24），抗争本身因而成为一种资源（Lipsky 1968），为农民提供了讨价还价的资本，在一定程度上改变了"无权者的困境"（the problem of the powerless）①。华镇老年人利用特有的抗争机会，开展适度激进的策略性表演，迫使地方政府诉诸情感工作。情感工作不但未能以情动众，反而使抗争者争取到进一步动员村民参与和争取公众支持的时间。面对农民温而持续的抗争，失去耐心的地方政府又转向强力回应。但是，当大量民众被动员起来后，过度的强制力不但不能制服农民，反而把抗争者送上了道德高地。华镇农民以抗争景观为替代性媒体，将抗争基地变成直接剧场，直播他们的抗争表演，向公众展示地方政府的不当回应，解构了官方对事件的建构。华镇农民的抗争、社会公众的支持以及高层政府的介入，最终迫使地方政府关闭了整个化工园。

## 方法与数据

本书主要采取单一个案研究法。通过对华镇农民抗争这一案例的深入研究，本文旨在提出一些可供验证的假设，挑战一些刻板印象，并加强已有的一些理论（参见 Lijphart 1971, p. 691）。单一个案研究法经常遭到偏好定量研究和追求一般规律的社会科学家的质疑，在此，我想引用 Sewell（1996, p. 844）的一段话，作为我选择华镇农民抗争这一个案的说明："选择这个案例，并不是说我将之视为总体历史事件的一个理想类型，而是因为我相信这个案例提出了一些理论内涵较广的分析问题，还因为我了解足够多有关这个事件发生的背景，因而我对我的经验判断和理论判断有信心。毫无疑问，研究其他的案例可能导致相当不同的理论总结。我在这篇文章里，没打算对事件理论下一个确定的结论，而希望引来更多的研究，与之比较、对之阐述或批判。"另外，本书的各个章节主要探

---

① Wilson（1961）所指的"无权者的困境"是指没有权力的人缺乏同有权者进行讨价还价的资源，无权者没有交换的筹码。

讨中国农村环保抗争中的不同现象的发生机制，"机制的显著特征不在于它能普遍地用于预测和控制社会事件，而在于它是某一足够一般化的、准确的因果链条的体现，我们能在更广泛的、不同的环境中找到这一因果链条。机制尚构不成理论，但它远高于描述，因为它能作为帮助我们理解其他还未发生的案例的模型（Elster 1993，p. 5）"。所以，本书虽然是一个单一个案研究，但因揭示了现象背后的发生机制，本研究对认识其他的农村集体抗争不无裨益。

　　本书也采取了个案内比较研究方法，论文中的一些观点的提出还建立在对其他地区农村环保抗争的研究上。华镇农民的抗争经历分为三个阶段，在搭棚抗争中，有 22 个受污染程度不同的自然村参与，这为个案内比较提供了基础。本研究还建立在我对杭州萧山南阳镇、福建屏南县溪坪村、安徽蚌埠市仇岗村、重庆铜梁县、湖南长沙黄兴镇等地环保抗争的研究之上。我虽未对这些地区的抗争进行直接的分析，但对这些环保抗争相关人员的访谈，为本研究提供了参照。

　　我为完成本研究做了四次田野调查：（1）2007 年 4 月初到 7 月底我在华镇做了近四个月的田野研究①；（2）2008 年 4 月底到 5 月初，我去华镇观察村民委员会选举，并采访了参选的抗争领袖和其他村民；（3）2009 年 2 月底，我在南京参与观察了环保 NGO 举办的针对草根环保人士的培训，并采访了各地农村环保抗争的代表；（4）2009 年 12 月，我到重庆、长沙两市，调查当地农村的环保抗争。前两次田野调查是本研究的基础。论文使用的数据类型②有：

---

　　① 我认为我在适当的时间对华镇事件做了田野调查：在 2007 年，地方政府和农民对华镇事件的敏感度有所降低，且当事人对事件的记忆依然清晰。一个老年协会会长曾这样对我说："你要是以前来问我，我会告诉你我不知道。"（V12，2007 年 5 月 27 日）

　　② 本文所使用的数据（包括直接引用的采访、官方的文件和新闻报道等），凡涉及具体的人名和地名，都经过了匿名化处理。

（1）访谈：文中实际使用了 75 个访谈记录（参见附录一）①，这些访谈记录的对象包括 32 名市镇两级干部，16 名村庄权力精英以及 24 名普通村民，还有 3 个记录是有关其他人员的访谈；（2）档案资料：关于华镇事件，我一共收集到 448 个、共计 3000 余页的档案，主要包括官方文件、官员反思华镇事件的报告、官员的工作日志、私人日记、农民的集体上访信以及新闻报道等；（3）田野观察：我在做调查时每天写田野笔记，这为本研究提供了很多细节。

18

## 篇章结构

本书主要通过探讨华镇事件中农民的抗争与政府的回应②，研究农村环保抗争成功的机制。

第一章描述农民的怨恨和抗争的框释。华镇农民在搭棚抗争前积累了多种怨恨。地方政府过度地卷入经济社会生活，是这些怨恨产生的共同原因，因而不同的怨恨有了共同的指向。怨恨指向的一致是不同框释得以联合的基础。地方政府对农民抗争的压制催生了议题倡议家，他们整合了不同的怨恨，提出了"抗毒反贪"的联合框释。这一框释具有很大的动员力。

第二章探讨农民如何运用与开发抗争机会。在 2003 年前后，中央政府为提高政权的合法性而转变了总体政治话语和一些具体的政策，这些变化为农民抗争提供了多个政治机会。华镇农民理性地选择了易于操作的机会，"借土地问题做环保文章"。中央提供的政治机会在地方政府的消减下，往往变成形式政治机会，农民明知这样的机会是假，但仍将之用于抗争实践中。更重要的是，镇压的威胁促使华镇农民进行了策略创新，从而开发了属于老年群体的机会，有效地约束了地方政府强制力的发挥效果。

---

① 实际采访 122 个事件相关人。
② 但在必要时会探讨前两个抗争阶段的政府与农民的互动对华镇事件的影响。

　　第三章研究华镇抗争的动员结构。华镇农民的抗争具有很强的组织性，村民委员会和老年协会这两个正式社会组织，是华镇农民抗争的主要动员结构。村民委员会是华镇农民抗争的合法动员平台。村委会选举制度为抗争代表提供了将抗争议程嵌入合法程序的机会，这个嵌入机制降低了抗污总动员的风险。老年协会是华镇事件的主导动员结构。协会之所以能成为抗争的台前总指挥，不仅恃其较强的实力和较高的自主性，更因为协会的组织包容性模糊了老年人的群体边界与老年协会的组织边界，从而模糊了抗争行为的组织性与个体性。在搭棚现场的老年人，还充分利用了以空间为基础的动员策略，适需动员不在现场但高度关注抗争的村民。以空间为基础的动员策略，有效降低了大规模动员年纪较轻村民的风险。

　　本书第四章展示的是农民的抗争表演。我认为，在非民主但声称民本的威权国家中，抗争者拥有类似于民主国家的"行动机会"。具有特殊群体机会的老年人采取了适度激进的策略性戏剧表演。威权政府在与农民拉锯中失去了耐心，做出了暴力的回应，使抗争群体获得了道德资本。威权国家的抗争者虽然缺乏话语机会，但是抗争景观能起到替代性媒体的作用，对农民的抗争行为进行直播，向相关公众提供见证政府强力控制的空间，从而解构官方对事件的建构。在华镇事件中，抗争景观的展示效果以及抗争区的失控状态，导致了具有狂欢色彩的反抗。大量公众的支持与狂欢造成的混乱，促发了高层的介入。为了维护"民本"的形象，地方政府被迫作出了令抗争者满意的妥协。

　　第五、第六章研究各级政府对华镇农民集体抗争的回应。第五章探讨情感工作的运作及其效果。老人在抗争中的优势，迫使地方政府以情感工作回应农民抗争。关系控制、妥协应对和密集宣传是情感工作的三大技术。但是，地方政府的努力却情难动众，原因有四：（1）工作组成员对情感工作缺乏忠诚；（2）政府的妥协回应导致了更大的动员；（3）密集宣传的作用甚微，甚至适得其反；

（4）"4·10事件"的爆发使地方政府堕入道德低谷，无法再用建立在较小妥协基础上的情感工作解除抗争动员。第六章主要解释地方政府为什么会突然采取过度的强力控制以及为什么在以法控制时又"手下留情"。我认为，威权政府对权威受挑战的不容忍以及一把手负责制，是过度暴力产生的两大原因。地方政府因"4·10事件"对部分村民进行了以法控制，但镇压的力度小于农民的预期，主要因为：（1）地方政府为了挽回面子和权威不得不进行以法控制；（2）地方政府为了挽回失去的民心又不能进行过度压制。

第七章主要讨论抗争对政府、农民和村庄的影响。农民抗争促进了政策的执行。农民抗争是一个火警机制，会促使政府官员学习与反思，会改变或促成政策的制定。作为反思的一个结果，地方政府加强了对基层组织的控制，这对村民自治产生了消极的影响。抗争增强了农民的政治效能感，降低了他们对地方政府的信任，也激发了他们参与政治和社会活动的热情。但因种种制约，农村抗争者难以成为坚定的积极分子。农民抗争使老年协会在村庄拥有了更大的权力，但由于抗争的影响，两个主力抗争村庄出现了空巢村委会，这两个村庄的权力实际上集中到了党支部。

# 第一章 怨恨、框释与动员

　　华镇农民在 2005 年搭棚抗争前经历了各种怨恨。这些怨恨主要包括：（1）"10.20 事件"后的以法控制产生的怨恨；（2）工业园的污染促成的怨恨；（3）在上访过程中形成的怨恨；（4）干部腐败导致的怨恨。这些怨恨并不是孤立存在的，而是相互联系的。地方政府对经济社会生活的广泛介入是这些怨恨产生的共同原因，农民的不同怨恨因此有着共同的指向。怨恨指向的一致，为框释联合奠定了基础。

　　中国虽然没有专门的社会运动组织去承担框释联合的任务，但在华镇事件中，地方政府对早期搭棚活动的压制，催生了即时议题倡议家。他们将村民的两个主要公共怨恨——对污染的怨恨和对干部腐败的怨恨——联合起来，提出了抗毒反贪的联合框释。这一联合框释，比单一的环保口号更具动员力，从而扩大了华镇农民抗争的规模。

## "10. 20 事件" 引发的怨恨

　　2001 年，在"10·20 事件"发生后，地方政府虽然通过从快从严的以法控制制止了黄奚农民的进一步抗争，但却播下了仇恨的种子。尽管村民承认在"10·20 事件"中存在打砸行为，并为此感到理亏（P8，2007 年 5 月 27 日；V12，2007 年 5 月 27 日；P3，2007 年 7 月 15 日），但公安部门的传讯和 D 市法院的判决，令村民心生怨恨。不少村民认为自己"没有去敲过，没有去打过"，不应遭到判刑或传讯。如 V2 说他在事发时只是问了镇委书记"化工厂到底有没有毒"这个问题（V2，2007 年 6 月 17 日），却被判了 9 个月徒刑。又如 P2 说自己仅喊了四个人去现场，但却被官方认定为"挨家挨户叫人去打砸"，因此获刑一年两个月（P2，2007 年 5 月 27 日）。黄奚五村支书 W 事发时不在现场，但被认为是"10·20 事件"的"策划者和煽动者"，被判三年有期徒刑，在 12 人中获刑最高。村民普遍认为 W 不应受到如此重罚，因为他并没有策划"10·20 事件"，"这个事情本来就是偶然的，起诉书上写着是有策划的，其实 W 根本不知道 10 月 20 日这个事情"（P3，2007 年 7 月 15 日）。对法院的判决，不仅当事人和其他村民觉得是过度的以法控制，就连地方官员也认为判得不当，并认为这个判决为后来的华镇事件埋下了祸根（C2，2007 年 4 月 10 日；C6，2007 年 4 月 10 日）。

村民不仅对判决结果有怨，对司法部门的办案程序也很愤怒。公安部门的快速逮捕与人民法院的拖延办案形成鲜明对比。法院在十个村民被羁押了近 8 个月后才开始审理，这基本上等于剥夺了他们上诉的权利，因为当 D 市法院作出判决时，4 个被判处 9 个月徒刑的村民已基本服完刑期。P2 被判了一年两个月的徒刑，刑期长度位列第二。他当时认为自己不该为没有做过的事情坐牢，因而提起上诉。但他最终被迫撤诉，因为他被告知，若是不撤，即将刑满释放的人将被继续关押（P2，2007 年 5 月 27 日）。一个村民在"10·20 事件"后被派出所的警员找去谈话，他觉得自己没做不法行为，也就坦然而去。但事情出乎他的意料：

> 谈完之后，他们不放人，又把我带到 D 市人民检察院的一个办公室，让我谈。谈了好长一段时间，有一个人问我"要不要罚款"，我说你罚款，我是没有钱罚的。然后我被带到城东派出所，按了一个手印，还要了我的钱，不知道那是什么钱，我记得是 20 块还是多少来着。手印压好之后，就把我

带到看守所了。按照道理的话，公安局的拘留证开出来后，也要交到你的手里啊，15 天之内我还可以上诉，我看得明明白白。结果我到了牢房［按：看守所］之后，他们才给我拘留证，让我签字。当时我在外面的话，我是要上诉的。你说我殴打他人致轻微伤，你的证据在哪里啊？在那里面了，我就没有办法了。你去也要去，不去也要去。结果我被关了 15 天。（P8，2007 年 5 月 27 日）

在"10·20 事件"处理过程中，政府部门还利用其他一些方式进行威胁。被传讯的 V12，原是福建某企业的工人，退休工资是从福建寄来的。他说，"当时谈话的时候，公安局的人说：'你的工资，我们不送给你。'我说：'你们不送给我，那就给我退回福州，我自己去取！'"（V12，2007 年 5 月 27 日）总之，地方政府相关部门在办案时的不当程序及做法，加深了村民心中的怨恨。P8 在讲述完他的经历后总结道："共产党的地方干部对老百姓看不起眼就是了。"（P8，2007 年 5 月 27 日）

"10·20 事件"后的镇压造就了一个核心怨恨群体：因抗争而被判刑的村民。这一群体比其他村民有着更深的怨恨，因为：（1）他们认为地方政府的惩罚过度；（2）他们在"10·20 事件"时预期到的污染，后来成了现实。P3 说："第一次坐牢出来后，我 8 岁的女儿对我说，'爸爸，你赶快多赚一点钱，我们搬到外面住，我们现在上课要捂着鼻子上'。我听到这话就很生气。"（P3，2007 年 5 月 29 日）（3）2004 年 4 月 16 日，浙江省人民政府通过《浙江日报》刊登了《关于各类开发区（园区）清理整顿方案的公示》，下令撤销 627 个开发区或园区，D 市桃源工业园名列其中。这个讯息在黄奚传开后，V2 对 P3 说："我们报仇的机会来了！"P3 心里也想："闹了半天，原来化工园是非法的，那我们还不冤啊！"（P3，2007 年 7 月 17 日）（4）2004 年 6 月 11 日，北京市某律师事务所向黄奚村民寄来的《法律意见书》，认为因"10·20 事

23

件"而被判刑的村民，其行为不构成聚众扰乱社会秩序罪。律师事务所还附了相关的法条，以支持他们的结论。虽然村民因无法凑齐 50 万元律师代理费而不得不放弃诉讼道路，但这一法律意见书及其附带的相关法条，进一步坚定了曾经坐过牢的村民争取平反的决心，也为村民后来的抗争提供了法律武器。镇领导 C7 说，"《法律意见书》告诉他们，（他们在'10·20 事件'中的行为）不构成犯罪，法院的处理是不妥当的。北京律师这么一说，P3 他们胆子就大了，一定要为自己平反"（C7，2007 年 7 月 17 日）。

24

以上四个原因强化了被判刑村民的怨恨，他们因而打算争取平反，这启动了华镇农民新一轮的环保抗争。P3 很坦白地说，被判刑是他卷入后来一系列抗争的原因："2001 年我没有坐牢以前，根本不会参与村里的事情，管它怎么样，反正我在村里也没什么名气，很多人都不认识我。主要是因为被判了 9 个月，我才参与到反对化工厂的活动中。"（P3，2007 年 7 月 15 日）

## 污染导致的怨恨

D 市市政府重点执行的企业入园入区的发展战略，减少了污染对多地的影响，但却使危害在一地加剧。随着桃源化工园的扩大，入园企业增多，工业园区对周边村庄造成的污染也逐步加重。特别是几个污染大户（如 D 公司、M 公司）投产后，黄奚村村庄的环境更加恶化。至 2004 年上半年，黄奚五村支书当年在《画像》一文中所描绘的景象，已基本成了现实。

首先，园内企业日常生产造成的污染严重破坏了华镇的农业生产。十几家企业投产之后，华镇的"水浑了，山黄了，树死了，田里长不出庄稼了"①。据华镇当时分管工业和环保的副镇长介绍，

---

① 这句话出自 2005 年 4 月 12 日华镇人在"J 市日报社市民援助中心网"上发的要求失语的媒体前来调查"4·10 事件"的帖子。

化工园内有家企业生产一种产品，会抑制植物的生长，一些植物受污染后，长到一半就停止生长（C18，2007年6月29日）。"各种蔬菜基本上都是从根部开始腐烂，有的大白菜看上去好端端的，可用手轻轻一碰，菜叶都像齐根被切断一样倒地，露出腐烂的根部"（胡剑文2004）。果农也反映，化工园内的企业大规模投产后，畸形果的比例由原来的15%左右提高到后来的40%～50%（P9，2007年5月27日）。更让农民伤心的是，他们生产的农产品被贴上了"有毒"的标签。如《D市日报》的报道提到，在传统蔬菜种植村ZD村，农民当时种出来的蔬菜没人敢要，一个农民说："这些年黄凡镇、王宅两地菜场上出售的菜大约有一半是来自ZD，现在ZD的菜没人要了，因为人家一听菜是ZD来的，就害怕了。怕什么？怕'有毒'。"（胡剑文2004）果农P9也抱怨道："我们的水果拿出去卖，不好卖。人家买水果，会先问：'你是哪里的？'我说：'我是黄奚的。'他们说：'不敢吃，有毒。'我们真是没办法的！"（P9，2007年5月27日）华镇人民是颇以自己镇的自然风光而自豪的，他们在后来的每封上访信中，都要提到自己的家乡在没有化工厂之前，是多么"歌山画水、山清水秀"，而今却成了"死山坏水、山黄水臭"，"华镇"、"黄奚"还变成了"有毒"的标签。优美环境被剥夺的感受，每个村民几乎都有深刻的体会。特别是那些以种菜为生的菜农，他们当时不但没了收入，还要花钱买菜自用。因为污染，华镇的菜价飙升。原先只要几毛钱的青菜，后来卖到两块多，这增加了农民的生活成本。华镇政府也承认化工园的污染给周围百姓造成了危害，如在2004年7月6日，镇政府在《关于要求迅速建立理赔机制解决桃源功能区矛盾纠纷的报告》一文中提到："该园区的建立一定程度上促进了当地经济的发展，但是也伴随着产生严重的环境问题。企业排放的'三废'对当地群众的身体健康及农业生产带来不同程度的损害，老百姓叫苦连天，特别是企业排放泄漏的废气造成粮食、水果、蔬菜、苗木等粮经作物绝收或减产。化工企业产生的废水虽经处理，但仍不能用于灌溉，使黄扇、NF（HT）、NA、FZ 等村安装在南江的机埠形同虚设，300 多亩水田变成了'靠天田'，饱受旱灾肆虐。""老百姓怨声载道，手拿污染物到镇里反映情况不下百人次"[①]。正如重庆一个农民环保积极分子说的那样："你（指污染企业）的生产影响了我的生产，那我就要维权。"（WXF，2009 年 12 月 22 日）因而华镇农民新一轮的反抗，在很大程度上可以说是生存抗争。村民在抗争中提出了保障生存的要求，如 ZD 村在抗争早期要求政府"保证种菜的权利"（2005 年 4 月 2 日工作组会议记录），而黄奚五村的老人在搭棚初期提出来的一个条件是：补偿每人每天一斤青菜（V11，2007 年 4 月 18 日）。

其次，化工企业因工人操作失误或因生产设施出现故障而导致的突发性污染，更能激发怨恨。在搭棚抗争前，化工园前后发生了十几次生产事故，每次都使村民无比愤怒。例如，西村在 2004 年 2 月 12 日向上级政府打了《紧急报告》，描述了突发性污染爆发后农民的感受："2 月 11 日夜 8 时至 10：30 时，化工园区排放的气体既毒又臭，一时造成气味难闻，呼吸困难，村民焦急喊叫，'难过、难过'。"又如，2004 年 10 月 17 日凌晨 3 时许，D 公司因管道爆裂泄漏大量臭气，给环境造成破坏，令村民感到难受。V11 在当天的日记中描述道："整个黄奚村恶臭难闻，而且眼睛有剧痛感，流泪不止，好像是氨水气味一般。有老年人当场晕倒，许多学生在上学途中只好蹲在马路边，小儿多数哑哭淌泪，黄奚菜市场 500 余人怨声载道，咒骂连天，其境其状实在难以用语言表达。"

突发性污染导致的突生怨恨极易引发集体行动。污染事故发生后，村民马上行动起来：D 公司发生生产事故那天清晨，数百村民愤怒地奔向工业区，责问该农药厂；下午黄奚村老年总会也派人赴工业区讨说法；第二天村民还自发组织起来，集体数次前往工业园

---

① 引自《关于对西村等三十四个自然村农作物受工业污染调查情况汇报》，这是华镇镇政府在农民搭棚抗争后做了调查后形成的报告。

区问责；第三天，黄奚村的群众第二次赴京上访，与第一次进京上访不同的是，这次赴京人员不全是黄奚五村的村民，西村和黄扇村也各派一名代表同往。同时，这次污染事故，也让黄奚片村民更清楚地认识污染的危害，并在一定程度上导致了 2005 年的搭棚抗争，这点从几个村干部向市委市政府状告当时黄奚村村长 CGW 的上访信中可以看出："当日上午八时黄奚六个村及黄扇、西村八个村的书记村长赶赴 D 公司交涉处理问题。由于 CGW 不重视，中午后，全体干部集中在原黄奚镇镇政府等待解决问题，因（镇领导）C7 发烧不能前来。CGW（认为）无关紧要，（结果）不了了之，令（村）干部大为失望，只好聚散［按：散会］，问题得不到解决，为黄奚'4·10 事件'埋下了不可挽回的隐患。"2005 年 3 月 16 日中午，D 公司又发生反应釜爆炸（C19，2005 年 3 月 16 日工作日志），再次导致了突发性污染事故。这次事故，客观上提前了黄奚村民扰乱式集体抗争的时间，他们原先准备在 2005 年 3 月 28 日去 D 市人大会议现场，找一直避而不见的市委书记解决问题（C19，3 月 22 日工作日志），结果在 3 月 24 日，黄奚五村的老人就开始搭棚堵路了。

　　再次，老百姓相信，这些污染，不管是日常的，还是突发事件导致的，都对他们的身体造成了伤害。有孩子留守在黄奚的某农民工人说："当我的家人告诉我，我的孩子在起来上学的时候因为气体的刺激睁不开眼睛而大哭的时候，我的心里一阵阵刺痛，泪水打湿了我的眼眶。"① 参与 2005 年搭棚抗争的村民，不少因认为自己或家人的健康受到损害而卷入抗争。比如黄奚二村村民 WKT，是因认为女儿受污染影响怀了死胎才去搭棚的。黄奚农民还在搭棚之初，提出让政府或化工厂每年给村民提供一次体检、并给予适当营养费的要求。

———————

　　① 参见《被污染的 D 市华镇》（作者不详），网址：http：//www. chinaelections. org/NewsInfo. asp？NewsID＝9444，获取日期：2010 年 1 月 20 日。

最后，村民遭受了污染侵害，却没有得到相应的赔偿。黄奚镇镇政府整理的《桃源化工园污染事件统计表》显示，从 2002 年 1 月到 2003 年 7 月，镇政府组织过 4 次赔偿，补偿金额仅 22.5 万元。但是，"赔偿款发到村里，村里也是平均分下去，结果每人只能拿到 5 块 10 块，受损严重的农户没有得到更多的补偿"（C8，2007 年 6 月 27 日）。在黄奚村"第一次赔，每个人才赔 3 块 6 毛钱，第二次才 7 块钱"（V16，2007 年 7 月 19 日），但是就连这 3 块 5 块的赔偿，也并不是所有村庄都发放到每个村民的手里。"4·10 事件"发生后，市政府应村民反贪的要求，组织了专门的清账理财组，对村庄账目和污染补偿款的发放情况进行了清查。工作组的报告显示，污染补偿款发放存在严重问题。虽然，村干部截留这些补偿款可能用来交农业税、医疗保险费或者偿还村庄贷款，但对农民而言，钱没有发放到手，就等于自己没有得到补偿。村民为此感到非常愤怒，一个农民说："我这土地白白给你拿去，我的身体受到污染，没有被拿去的土地，任何东西都种不起来……我的生活往哪里找？我当然要找你麻烦。"（P9，2007 年 5 月 27 日）事实上，大部分农民相信，村民只要得到相应补偿，华镇事件可能不会发生（P9、P2、V12，2007 年 5 月 27 日），至少可以延缓（P8，2007 年 5 月 27 日）。不巧的是，2004 年年底，D 市开展并村运动，镇政府因行政区域调整，延误了对农民进行最低限度的损害赔偿。因而，在污染加重之时，农民又未获适当补偿，于是民怨沸腾。

## 上访过程产生的怨恨

一般而言，农民倾向采用上访解决官民冲突（Cai 2008a，p. 16），但这并不意味上访的效果很好。根据李连江在 2003 - 2005 年所做的两次调查显示，在 1289 个上访者中，80.4% 的人对上访的结果不满。一首民谣也形象地反映了信访之无效："信访不通，上层耳聋。信访不复，百姓在哭。信访不查，贪官不怕。"因此，

28

上访虽是怨恨解决的方式，但经常成为二级怨恨的来源，有可能引发直接行动甚至暴力冲突（如 Li 2004；O'Brien and Li 2006，p. 125；Cai 2008a）。

与李连江（Li 2004, 2008）的研究结果一致，华镇村民对中央高层帮助农民解决问题的意愿和能力有着不同的看法。总体而言，他们相信高层帮助农民的意愿，但怀疑其解决问题的能力。V11 赴京上访过三次，他说："我们现在只相信高层了，只有他们敢说实话，我们寄希望于高层，所以我们要上访，要到北京去上访。"但几分钟之后，他又说："上访了也没有太多的用处，中央也是一层层向下反馈的，最后还是让地方政府去解决。""中央政府是很爱人民的。虽然省里听中央，市里听省里的，县里听市里的，上有政策、下有对策，道高一尺魔高一丈，地方政府对上欺，对下压，所以到了下面才会走样的。"（V11，2007 年 4 月 18 日）一个退休老干部说："他们去了北京之后，回来说，北京态度好，半个月内会给我们解决。我是很极端的，我说骗你的，因为他们只要你走了，他们就没有事了。过了半个月后，信寄到省里来了，省里给你解决到 J 市去了，J 市又给你解决到 D 市去了。其实上接待你的人是催你走，都是说半个月给你解决。（所以），D 市的问题，是从上到下造成的，也不能全怪当地政府。包括到现在，我觉得上面还是在那乱指挥，因为他们一直强调安定安定。"（V14，2007 年 5 月 31日）去北京上访过的 V12 也说："你去上访都是劝你回去，不是为你解决问题的。"（V12，5 月 24 日）"上访就是上面到下面，原地在转。"（P3，2007 年 5 月 29 日）或许正是有一些老干部的"点拨"，黄奚村民很快就清醒过来，V11 在 2004 年 8 月 17 日（也就是在第一次赴京上访后不久）的日记中写道："杭州路［赴杭上访］该走，但该有时限，不能瞎子想亮无年月。最后走一次，无论有无回答，就此次终止。"不过，老百姓虽然对上访高层没有信心，但事后还是会去北京、省里上访，因为他们"就是不甘心"（P8，2007 年 5 月 27 日），"心里不甘，又再去了"（V12，2007 年

5月27日）；还因为他们不想错过上级亲自过问的机会，P3说："上访就是为了引起当地政府的恐慌。因为，我们去北京上访，人家［指高层政府官员］会问你，你是哪里人，为什么来上访，你们回去，这个事情会处理好的。他们［指地方政府］也不好说，人家要怪罪下来（也说不定），（上面可能会责问地方政府）这个事情你怎么不处理的？"（P3，2007年5月27日）

村民的上访偶尔得到了相关政府部门的回应，但若是书面回复则多大而不当、空洞无物，顾左右而言他；若是采取了一些具体的措施，则往往或是缓兵之计，以暂时安抚百姓情绪，或是采取声东击西的措施，即老百姓声东，政府部门击西，这样在不知详情的上级看来，下级部门的确已经妥善处理了上访。P3和V2在2004年4月去杭州之后，一层层官僚机构将上访信推下来，最后到了D市环保局。一段时间后，D市环保局做出了回应，向J市环境监察支队提交了一份《关于D市华镇桃源工业区大气污染致农作物减产农民健康受到损害情况的调处报告》。报告中提道："关于废气影响居民生活情况，经我局调查，主要是由D市HJ公司和OM厂两单位违法生产所致。"报告称，环保局已经给予这两家企业相应的处罚。而事实上，对村民危害最大的，是化工园内D公司和M公司这两大企业。可以看出，环保局在应对P3和V2的上访时，采取了声东击西策略。2004年年底，D市国土资源局在面对群众络绎不绝的上访时，也确实派出执法队伍，拆除各企业顶风扩建的厂房。但正当国土资源局拆违之时，市政府五大班子却到桃源工业园开现场会，准备将D市化工厂搬迁到黄奚。信访大户P1寄出过100多封上访信，且每次到Y市用挂号信发出，也就是说，邮件丢失或被D市相关部门截留的可能较低。但是，最后只有浙江人大和J市国土资源局有回复，而且"回信都没有用的，都是很笼统的"（P1，2007年6月8日）。

也许，最让华镇农民心生怨恨的，不是上访的漫无结果，而是他们在上访过程中遭到的冷遇。在这一过程中，"他们碰到的大多是摆着臭脸、态度恶劣的官僚，对他们不理不睬，给他们开空头支票，把他们当皮球一样踢给其他部门"（O'Brien and Li 2006, p. 126）。华镇农民第一次去北京上访时，顺带去了浙江省省政府信访办。当时的副主任 LXC 对他们说："你们幸好是四个人来的，要是五个人来，查出哪个人带头的，马上抓起来。我是拿国家工资的，我现在是义务给你们上法律课，你要找律师事务所，人家还要每个小时收你们 1000 块钱的咨询费。"这种高傲的教训，让在场的 V11 听了觉得很好笑，他认为自己一直在研读法律文本，所掌握的法律知识比那个副主任还多。他们原先还想去省里其他部门上访，但经此教训后，干脆直接挥师北京了。P1 也跟我讲了他曾经上访 D 市国土资源局的气愤经历："我把国务院和省里的文件递给执法大队的队长，我说，'你怎么搞的'，他说，'我要听你啊，我听县委的指示'。我说'这是中央的文件'，他却把中央的指示丢在地上。我说，'这个土地问题要解决，你们违反中央规定，省里规定'；结果他们整个土管局干脆关门了。"（P1，2007 年 6 月 8 日）2005 年 3 月 15 日是 D 市的上访接待日，村民那天的冷遇在很大程度上引发了搭棚堵路抗争。那天，黄奚村村民包了两辆车，上百人去 D 市政府上访，结果"快 11 点（的时候他们才来）接待你，没讲几句话（他们又）要吃饭了，说下午来，但下午（我们）也不知道什么时候来。"（P4，2007 年 6 月 23 日）一气之下，华镇农民就回了黄奚。这基本上是华镇事件发生前的最后一次集体上访，后来农民几次百人前往镇政府，那已经不是在求政府，而是下最后通牒。

正如欧博文和李连江所指出的，"当依法抗争者寻求中央政策落实的努力付诸东流时，他们通常会产生被骗的感觉。如果中央不能兑现足够的诺言，这会导致农民进一步的抗议，迫使他们采取更加直接的策略，最后甚至导致暴力事件"（O'Brien and Li 2006, p. 125）。在华镇，黄奚村民多方上访，最后清醒了过来，发现"远水解不了近渴"，甚至认为"天下乌鸦一般黑"。于是，村民们决定采取更加强硬的措施：搭棚堵路，逼厂停产。

## 污染之痛、经济利益与抗争意愿

尽管污染是不争的事实，但在采访那些因华镇事件而被处分的干部时，如果我提的问题有关污染与华镇事件的联系，总会引起或多或少的不满。这些干部认为，华镇事件不是因环保问题而起，至少主要原因不是环保问题（C4，2007 年 7 月 22 日）。他们反问："比华镇污染严重的地方多了，别的地方的老百姓为什么不闹事？为什么就华镇人要闹？"（C7，2007 年 7 月 17 日）这些干部虽然在很大程度上是为自己辩护，但他们的看法也有一定道理。我至少观察到两个现象，可为他们的局部真理提供佐证：（1）华镇是全国重要的废塑加工基地，而废塑加工单位主要是设备简陋的家庭作坊。这些没有任何环保设施的作坊，制造了严重的污染。但据我所知，那些没有从事废塑加工却受污染之害的村民，没有发起过真正的反对活动。（2）几乎所有接受我采访的政府官员，他们认为，在临近华镇且十分富裕的 HD 镇①，污染比华镇严重（C16，2007 年 6 月 20 日；C17，2007 年 6 月 21 日；C7，2007 年 7 月 17 日），但那里即使发生过抗争，也不过是短暂的小打小闹，没有发生如华镇事件这般大规模、长时段的反抗。

已有研究显示，人们的环境意识与污染的社会能见度（social visibility）②之间并不构成正比关系（Crenson 1972；Schnaiberg 1980；Gould 1993）。对污染的怨恨，到底能在多大程度上将村民动员到

---

① HD 镇有 HD 集团这一中国特大型民营企业，以磁性材料、机电产品、医药化工、轻纺针织、建筑建材、文化旅游为六大主导产业。

② 污染的社会能见度分为初级社会能见度和次级社会能见度。污染的初级社会能见度是指污染能够通过人体感官被迅速直接地感受到的程度。污染的次级社会能见度是指人们通过接触一些信息，了解到某一环境威胁的存在和影响，从而更加深刻地体会到的污染程度（Gould 1993）。

抗污行动中？为什么华镇人要闹而且可以大闹，其他地方要么不闹，要么小打小闹？大多官员解释 HD 镇没有大规模环保抗争时，都提到了一个重要因素：经济利益。如果加入经济利益这一变量，并先将村庄看作一个整体，那么污染之于一个村庄而言可以分为：（1）没有经济利益的污染和（2）有经济利益的污染。如在华镇事件中，前后共有 22 个自然村参与搭棚抗争，其中除黄奚两个自然村和黄扇村因土地问题与化工厂有直接利益关系外，对其余村庄而言，桃源化工园内企业造成的污染基本是没有任何利益的污染。有经济利益的污染要复杂些，我认为具有解释意义的主要有三类：（1）自己人制造的污染，如华镇各村加工废塑所造成的污染；如果污染来自外人，则分为（2）相当大多数人获得经济利益的污染（3）只有极少数人得到经济利益的污染。

首先分析对整个村庄没有任何利益的污染。如果一个村庄所有村民都不能从经受的污染中获得经济利益，那么村民参与抗污行动的规模和烈度，在很大程度上取决于污染损害的程度。比如，在华镇事件早期，受污染程度较轻的黄凡片各村本无人前去搭棚抗争。后来传言桃源工业园内的企业，要通过加高烟囱驱散污染，以减少对黄奚片各村的影响。但这样做，污染会随着常刮的东风，飘到离化工园约 5 公里远的黄凡村。这个传言一散，黄凡村民就纷纷前去搭棚静坐。所以，如果村民不能从污染企业那里获得任何利益，那么他们参与抗争的意愿，则直接受污染程度的影响。在华镇事件中，这类村庄更典型的代表是西村。西村位于工业园的南面，化工园区内污染天天随着东南风，横扫整个西村。一个镇干部承认，"每次经过那里都是很臭很臭的"（C16，2007 年 6 月 20 日）。在华镇事件中，西村村民的抗争决心是最坚定彻底的。在一次焦点群体访谈中，我问黄奚五村、黄扇村、西村的村民，如果在抗争早期，政府及时给村民提供补偿，那还会不会发生"4·10 事件"？黄扇村和黄奚五村的受访者都认为，如果村民得到相应的补偿，至少不会发生那么轰动的事件；而西村的退休老干部 V13 说："对我们西

村来说，不管你赔不赔，我们都要（把化工厂）赶走，大家受不了！"（V13，2007年5月27日）

其次看自己人制造的污染。在反对污染上，华镇人对自己人制造的污染和外人制造的污染有着截然不同的态度①。据一份《华镇废塑加工基本情况汇总表》显示，华镇有191户人家从事废塑加工，从业人数在2990人②，工业产值约3.9亿元，焚烧垃圾4570吨。我在华镇做调查时，每天傍晚都会看到那些加工废塑的小作坊，大肆地焚烧塑料，将作坊上方的天空熏黑一片。从外地收购来的各种塑料垃圾，必须先经过清洗才能再次提炼。而村民总是将洗废塑的水随地乱倒，脏水渗到地下，严重污染了当地的饮用水。我问P9："这里的废塑加工污染这么严重，你们没有反对过那些作坊吗？"他回答："那都是我们村的嘛。"（P9，2007年5月27日）村民没有反对行动，还因为作坊"太多了，反不了"（V8，2007年7月19日）。比如在MH村，废塑加工基本上是各个家户的生计所在。废塑加工产生的污染把村子"搞得乌烟瘴气的，污染也很严重，但老百姓是没有怨言的，因为老百姓得到了利益。"（V15，2007年7月18日）在MH村，大部分村民因废塑加工而发了财，近百个家户拥有小轿车。所以，正应了Gould（1991）的一句话："那些对外人而言发着恶臭的污染，对当地居民而言却可能飘着甜美的钱香。"黄奚农民对本村人加工废塑产生的污染之所以能够容忍，是因为这一行当是相当多数村民生存甚至发达的保障。

再看相当多数人获得经济利益的污染。到底多少比例的村民获得利益才算是相当多数人得利了呢？这很难一概而论。我认为，在具体的村庄背景下，这"相当多数"至少必须拥有反对早期抗污

---

① 中国人的人际关系结构具有"差序格局"的特征（费孝通1998），有"自己人"和"外人"之别。如，相对于外村人而言，本村人则是自己人。在交往过程中，个体对"自己人"和"外人"有着不同的交往原则。

② 实际从业人数不止这些，很多村民虽然不直接经营废塑加工，但会从事塑料垃圾收购、回收清洗等工作。

者（early riser）（参照 Tarrow 1998）的力量。我采访过的大多数人，不管是干部还是村民，都认为 HD 镇的污染令相当多数人得到了利益。在 HD 镇，特大型企业 HD 集团的员工 80% 是本地人（C17，2007 年 6 月 21 日），而华镇事件前桃源工业园区内的 13 家企业，雇有职工约千名，但仅有 20 多人是华镇村民（C16，2007 年 6 月 20 日）。本地职工占所有职工的比例，会在很大程度上决定一地居民对污染的态度。HD 镇时有反抗污染的集体行动，但规模小，且一起就被压了下去，因为"HD 是用集团的手段加以控制的，那边（如果）集团里面的人闹事，马上（会被）清退。他们不敢的啦，因为他们很多人在集团里面上班的。如果哪个村闹事，那在集团内上班的人全部（回家）做工作"（C7，2007 年 7 月 17 日）。另一位镇干部也指出经济利益对集体行动的抑制作用："比如你们家里有五个人，五个人都在那个集团里打工，这一年十几万的收入哪里来的啊？你们家里出一个事情的话，你们亲戚全部都要（受）处理，乱不起来了嘛"（C16，2007 年 6 月 20 日）。也就是说，HD 集团之所以能有效控制反抗活动，是因为当地人依赖或者他们认为自己依赖现有的污染企业（参照 Gould 1991）。我所采访过的华镇干部，大都认为如果桃源化工园 2/3 的员工是附近村庄的村民，也就不会有华镇事件的发生了。

　　最后看少数人得利的污染。黄奚一村、黄奚五村和黄扇村因土地出租，与化工园有着各种利益关系，但得利的人并不是作为大多数的普通村民，而是村干部这一少数派。他们在黄奚村被村民称为"老干部"，而在 2004 年年底黄奚六个村合并成黄奚村后，通过选举产生的村领导被称为"新干部"。那些老干部通过承包化工厂的工程、倒卖化工废渣、收受企业的贿赂、截留污染补偿款等途径获得了利益。而村民不但无法从事农业生产，身心受到损害，而且基本未获赔偿。因而，对这些村庄的村民来说，化工园所造成的污染是少数人得利的污染，是没有合法性的不公平（illegitimate inequality，Major 1994）。

那些被称为"老干部"的少数派，得益于政府在"10·20事件"发生后所采取的补救措施。那次风波后，地方政府认识到，化工园如要平静地办下去，必须要有听话的村干部。担任村支部书记和村委会主任的W因"10·20事件"被判入狱三年，同时被开除党籍、撤销支部书记和村委会主任二职。在地方政府的支持下，黄奚五村党支部很快就选出另外一个女支书。但村委会换届选举的结果却出人意料：因"10·20事件"入狱的V2，被五村村民选为村委会主任。政府虽然不能左右村民选谁的权利，但还是强行任命中意的另一候选人为村委会主任。在更大规模的土地租用前，黄奚镇①镇政府为了获得刚上任的村干部的支持，通过各种形式给他们好处。镇政府的一份《会议纪要》提到："为了加快桃源工业园区的建设，2002年5月31日〔也就是镇政府第二次以租代征大批土地之前〕黄奚镇委、镇政府组织黄扇村、一村、五村的二委成员、生产队长等干部到经济开发区、JB新区、SK村、城东街道办事处S村、HD街道办事处等地参观学习，并认真听取镇委书记XCD，镇长ZZM关于加快发展桃源工业园区的重要讲话。"而在村民看来，他们所谓的参观学习是"搞旅游"，就是"召集干部和有关人员，吃啊，睡啊，宾馆开起来"（P8，2007年5月27日）。《会议纪要》还提到，他们这次"学习"达成了共识，即"在（土地租用）协议签订后，村干部要保证在规定的时间内将土地划拨给企业使用。企业在审批土地时，村干部必须无条件予以支持和配合，保证企业合法用地。"

少数干部从污染企业处得到好处，多数民众却在遭受污染之苦，这一对比引起了农民的怨恨。村民们认为，那些村干部"种田不种，干活不干，还有钱花"，"可想而知"钱是怎么来的（P22，2007年6月2日）。村干部甚至被认为"三年干部当下来，都可以到D市买房子了"（P6，2007年6月15日）。就连镇领导

---

① 当时黄奚镇与黄凡镇尚未合并。

C7，也认为这些村干部"像寄生虫一样，靠化工厂发些小财"（C7，2007年7月17日）。因心有怨恨，黄奚村民在2004年年底的村委会选举中，坚决要把这些"老干部"赶下台，而把V1选为村委会主任。虽然华镇镇政府非常不希望V1当上黄奚总村的村长，认为他能力不够，且不知"为政府讲话"（C6，2007年6月23日），但"群众一定要选这个没有能力的人，不会贪污，不会受贿，因为他本身是有钱人"（P1，2007年6月27日）。所以，那些在镇政府看来很能干的村干部，往往遭到村民极大的厌恶，因为镇政府要的是发展型的领导，贪污腐化位在其次；而老百姓要的是道德型的干部，能力大小倒无所谓。

## 框释联合

从上文可以看出，在2005年搭棚抗争前，华镇农民心中已积累了多重怨恨。但是，这些怨恨并不是孤立的，而是有共同的指向目标。由于当地政府过分地卷入经济发展和社会生活，因而成为各种怨恨的矛头对象。怨恨指向的一致，是不同框释得以联合的基础。在华镇农民的抗争中，反污染与反贪污这两个口号被桥接起来，形成了"抗毒反贪"的联合框释。

抗毒和反贪这两个集体行动框释之所以得以真正联合，是因为地方政府早期压制催生的即时议题倡议发挥了作用。2005年3月28日，D市公安部门联合镇村两级干部，一起到桃源工业园的路口拆棚。棚拆完后，他们还将扯下的毛竹、帆布付之一炬。两位老人在此过程中受伤，另有传言说装有几千块的捐款箱被干部们抢走。这一事件后，华镇农民最初的抗毒行动增加了反贪的内容，因为村民认为，村干部之所以帮着"外人"打自己村内的老人，是因为他们得到了好处才这么卖力。这个行动，使村内"有良知"的能人站了出来并发出声音。3月29日，黄奚四村村民P7得知"3·28事件"后，立即写了《告华镇同胞书》，这份传单这样写道："素有'狮山画水'之美称的王宅，由于有十几个化工农药等厂的严重污染，现是臭气、毒气冲天，山在哭，水在泣，庄稼死，勤劳善良的王宅附近几万父老乡亲在慢性中毒后走向鬼门关，有几百年文明历史的王宅及附近将遭灭族之灾，太可悲也！现在深受其害的附近数公里乡亲们已觉醒。正在向那些打人、放火、抢夺的贪官污吏、叛徒走狗进行坚决斗争。"在接受我的采访时，P7 解释了他要写这份传单的原因："因为当时（老人）守在那里也确实很辛苦，厂方也很着急了。后来他们发动了几个人，就是我们黄奚村的书记带头的，把老百姓从棚里拉出来，然后用汽油浇到棚上把棚烧掉，老百姓还有一个捐款的钱箱被抢了，这一个烧、一个抢、一个打，（让我感到非常气愤）。要是他们不烧那个棚的话，我是不会写这个东西的。我听到这个讯息后，心里很烦很烦，老百姓也是人，你们也是人，怎么能这么做！第二天到了 Y 市之后，我就写了这个东西。当时发了很多很多，我在 Y 市印的。我当时就想要老百姓起来。"这个因地方政府的压制而产生的即时议题倡议家，在抗争早期发挥了很大的动员作用。P7 说："这一张传单贴到菜市场后，很多人在看，人山人海的……事情是相当的轰动，他们说我们王宅谁说没有人，支持老百姓的人还是有人在，支持真理的人还是有人在的。我也没想到有这么大的轰动力。"（P7，2007 年 5 月 27 日）

　　抗毒反贪这一联合框释，在有"胡公大帝"崇拜①的华镇引起了强烈的框释共振（frame resonance）（Snow and Benford 1988），因为华镇农民对清官胡则的崇拜为框释联合提供了"文化共振"（cultural resonance，Gamson 1988，pp. 227 – 228；Benford and Snow

---

① 胡公大帝非神而是人，其名为胡则，北宋永康人，为官四十载，官至兵部侍郎。其在任上，力仁政、宽刑狱、减赋税、除弊端，清正廉洁，政绩可嘉。百姓对其敬若神灵，在金华永康有方岩胡公祠，每年农历八月十三日胡则生日那天，当地会举办各种民俗风情活动，以祭拜胡公大帝。与永康交界的 D 市，那里信仰胡公的百姓为数亦不少。

2000，p. 622）的基础。这一联合框释，同时也同华镇人日常的感受相符，因为在富裕的浙江，村民经历了太多因贪腐倒下的村官①，因而这个联合框释不仅与华镇此地内在的意识形态（inherent ideology）（Rudé 1980）一致，还具有经验的可靠性（empirical credibility）（Benford and Snow 2000，p. 620），所以在华镇事件中，抗毒反贪这一口号产生了强大的共振效果，这也是华镇事件前后有22个自然村参与的一个原因。镇领导 C8 指出：“如果说村干部过硬的话，反毒就是反毒，不会抗毒反贪了。”“办企业的人肯定是这么认为，我企业办在这里，村干部要讨好，便于他们方方面面为企业说句话。所以问题就来了，W 他们几个人觉得我们没有得到好处，还坐牢了。……村民觉得干部获得了利益，老百姓却受苦了，这个在老百姓中的号召力是非常大的，所以‘4·10’时提出要抗毒反贪，这个口号提得非常有号召力……如果说村干部得到利益，老百姓没有受到影响，这也没有号召力。现在是，干部利益得去了，老百姓却庄稼种不起。所以，这事件，说到底是利益问题。”（C8，2007 年 6 月 27 日）镇领导 C7 在事后写的《剖析黄奚事件》一文也表达了同样的看法：“黄奚村部分乡村干部引进这些化工企业，自身得到了实惠，而老百姓得不到实惠，在群众中滋生了不满情绪。‘一人发财，一方遭殃’，群众滋生了仇恨心理和仇富心理。群众的这种情绪被组织者煽动、激化，后来几乎到了一呼百应的地步。”

---

① 我在华镇做调查时，有三批村民找到了我，他们以为我是记者，让我想办法帮他们把村官的腐败报道出来。我采访过的黄奚村和西村，先后有三位村支书被纪委查办，开除出党。

# 第二章　政治机会与特殊群体机会

在上一章，我们听到 P3 和 V2 等人发出的"我们报仇的机会来了！"的呼声。这个机会的信号，是 2004 年 4 月 16 日浙江省人民政府通过《浙江日报》发出的。报纸刊登的《关于各类开发区（园区）清理整顿方案的公示》，将浙江省内 627 个工业园或开发区定性为非法，而 D 市桃源工业园名列其中，这使"黄奚五村部分村民由此认为工业园今后不能再办了"（《关于华镇黄奚五村集资上访的基本情况》，2004 年 7 月 13 日）。该机会信号的效果（参照 Tarrow 1996）明显，在华镇开启了新一轮的抗争活动。

本章围绕集体抗争的机会，主要探讨如下几个问题：华镇农民在抗争中拥有哪些机会？农民如何对待不同的机会？不同机会的运用产生了什么结果？通过回答这几个问题，本章旨在说明：（1）高层政府提供的政治机会常被地方政府消减成形式政治机会。华镇农民明知形式政治机会是假，但仍以假当真，灵活运用；（2）在面对多种政治机会时，农民会重点运用那些易于操作的硬机会；（3）在地方政府强力回应的威胁下，华镇农民进行了策略创新，利用了老年群体所特有的抗争机会；（4）形式政治机会为华镇农民的搭棚抗争提供了合法性，而老年群体机会主要约束了地方政府对暴力的使用。

在《剖析黄奚事件》一文中，镇领导 C7 这样写道："2004年，村民巧妙地利用了政府倡导的亲民政策、以人为本（话语）、科学发展观以及土地清理整顿的宏观环境。"C7 在这一反思报告中，基本指出了黄奚村民在 2004 年开始新一轮抗争时所拥有的政治机会：（1）以人为本、科学发展观等新的政治话语带来的机会；（2）因环境政策和土地政策的变化而产生的政治机会。前者是由政体开放度的提高而产生的一般政治机会，后者则是因某一政策变化而导致的特定政策机会（policy – specific opportunity）（Tarrow 1996, pp. 42 – 43; Meyer and Minkoff 2004, p. 1461）。

但是，政治机会存在是一回事，能否被抗争者实际利用是另一回事。这部分因为地方政府通常极尽所能地消减中央政府提供的政治机会，也部分因为抗争者会理性地选择最合适的机会。在政策执行过程中，地方政府往往一边要消减政治机会，一边又要应付中央的监督，其结果可能导致形式政治机会的产生。所谓形式政治机会，在本章是指地方政府为应付上级的监督，制定了在表面上有利于抗争者的行政决定。形式政治机会不能为抗争者主张权利带来直接的效果，但可以给扰乱式抗争提供合法性。

41

## 政治机会结构

首先看政治话语的转变带给华镇农民的抗争机会。以人为本、科学发展观是在 2003 年召开的中共十六届三中全会上提出的。提出这些新政治话语，是中央重塑政权合法性的一种努力。现代国家的合法性主要可以通过三种途径获得：（1）通过共同接受的程序，如选举；（2）通过国家所提供的服务，如经济发展；（3）通过对未来的承诺，如共产主义。国家合法性的类型相应地有法律选举型（legal – electoral legitimacy）、意识形态型（ideological legitimacy）和绩效型（performance legitimacy）（Zhao 2001, pp. 21 – 22）。总而观之，中共从执政到改革开放前夕这段时间，主要通过意识形态获得合法性，而改革开放后主要依靠绩效合法性维持统治秩序。1978

年以来，中国经济飞速发展，这在早期给普通百姓提供了 Gilley（2009，p. 56）所谓的"希望之区"（zone of hope），即市民因对国家未来充满希望，因而给予政权高于它在当时应得的合法性评价。但是，涸泽而渔的高速发展，不能提供长久的政权合法性来源。随着发展负面效应的凸显，中共政权的绩效合法性受到了削弱，特别是环境危机引发的社会冲突，更直接挑战了建立在粗放型发展之上的绩效合法性①。在这一背景下，中共提出了以人为本、科学发展观等新的政治话语。这些新话语，有时也成为集体抗争的武器，如黄奚农民在《救救我们》这封上访信中提到："党中央、国务院三令五申，要禁止违法用地行为，要以人为本，千万不能以破坏环境为代价来发展经济。胡锦涛总书记最近教导：'权为民所用，情为民所系，利为民所谋'。"

其次看环境政策变化带来的政治机会。从 2002 年到 2005 年，中国的环境政策和环境监察均有所改善。首先，最具"机会"意义的事件是《环境影响评价法》于 2003 年 9 月 1 日正式实施。原环保总局副局长潘岳（2004）认为："《环境影响评价法》意义十分深远……中国公民的'环境权益'首次写入国家法律，它意味着群众有权知道、了解、监督那些关系自身环境的公共决策；它意味着谁不让群众参与公共决策就是违法。"这段时间还有一些其他的环境法律建设事件②，但对抗争者而言基本称不上机会。其次，在环保监察上，最引人注意的是国家环保总局在 2004 年年底至 2005 年年初掀起的"环保风暴"。这次风暴，一改中国法律"刑不上大夫"的传统，叫停了 30 个未批先建的大型水电建设项目。这一风暴主要是为了显示，

---

① 关于环境安全与政权合法性，可参见 Hay（1996）、Davidson and Frickel（2004，p. 487）。

② 这些法律建设事件包括：《清洁生产促进法》（2002）、《放射性污染防治法》（2003）、《可再生能源法》（2005）的制定，以及《固体废物污染防治法》（2004）的修改。

《环境影响评价法》不是一纸空文。正如潘岳指出："对于《环评法》，很多人把它当成一个橡皮图章，但我要说的是，《环评法》不是个橡皮图章，我们要把这种认识改过来。"（李源 2005）国家环保总局采取这种运动式的监察，实属无奈之举。潘岳解释道："至于选择'风暴'的方式是否和个人风格有关，我只能说，一半有关，而另一半则是必然。'润物细无声'只能在一个法律和制度健全的社会中有效；在当下中国这样一个法制脆弱、利益格局复杂的社会中，改革措施常常'法乎其上，只得其中'，为了'得其上'，'矫枉过正'就成为必然了。"（张沉 2007）不过，这些风暴往往被批评为雷声大，雨点小。大型水电项目只不过是被高调叫停，然后又低调复工。但华镇镇领导 C7 却认为，"环保风暴"影响了浙江省政府对华镇事件相关干部的处理："当时我们以为这个事情平息掉以后就不会受处分的，大家反思一下就可以了。结果呢，到了年底，松花江那个事情①出来以后，又搞那个环保风暴，就牵连到了。本来是不处理的。"（C7，2007 年 7 月 17 日）

最后看土地政策变化带来的政治机会。由于建立工业园对地方政府具有巨大的政绩诱惑力，所以各类园区、开发区在短时间内一哄而上、遍地开花。在东部沿海地区，几乎到了镇镇建区、乡乡办园的地步。各地的开发区呈现多、散、小、乱的态势，而且往往开而不发。与此同时，因地方政府大肆征地，失地农民数量剧增，且大多没有获得合理的补偿、得到妥善安置②。因此，农地征用近年来成为引发农村群体性事件的事由之首。根据中央农村工作小组主任陈锡文的介绍，2006 年前几年，在全国范围

---

① 指 2005 年 11 月 13 日吉林石化公司双笨厂爆炸引起"松花江水体污染"的事故。

② 据九三学社在浙江的一次调查显示，如果征地成本价是 100%，被征土地收益分配格局大致是：地方政府占 20%—30%，企业占 40%—50%，村级组织占 25%—30%，村民仅占 5%—10%，参见李薇薇、李柯勇、谢登科（2004）。

内因土地征用而引发的群体冲突，约占农村群体性事件总数一半（常红晓 2007）。面对此起彼伏的征地冲突，中央政府自 2003 年始采取了一系列紧急措施，以整顿混乱的土地市场。附录二列出了中央政府在整顿土地市场时下发的相关文件。从发文的次数和相关的规定来看，我们可以间接感受到中央政府整顿土地市场的决心。在这些文件规定中，有一点对当时的工业园区构成了沉重的打击，即国务院相关部委于 2003 年 12 月 30 日发布了《关于清理整顿现有各类开发区的具体标准和政策界限的通知》，其中规定："对县级及以下政府批准设立的各类开发区，一律撤销。"正因为有这个通知，浙江省政府才会于 2004 年 4 月 16 日在《浙江日报》上发布《关于各类开发区（园区）清理整顿方案的公示》，之后黄奚五村的 P3 和 V2 等人才会发出"我们报仇的机会来了"的呼声。

根据 Lieberthal（1997）的观点，一项政策要被成功执行，必须满足三个条件：（1）高层领导认为某一政策是必需的；（2）高层领导将这一政策置于优先地位；（3）下层政府对这一政策的遵从是可衡量的。对照这三个条件，可以看出，环境保护政策仅满足了第一个条件，即高层领导认为保护环境是必须的。但是，用来考核下级政府政策遵从程度的绿色 GDP，仍处于概念阶段，其考核机制有待硬化，核算体系有待优化。其实，根据 Tong（2007）在 1998—1999 年所做的调查显示，在经济发达地区，当时地方政府官员已有较高环保意识，但这些意识只停留在抽象层次上，地方政府在实际工作中仍以发展经济为首要目标。

如果说中央的环保政策还仍处于务虚阶段，那么土地政策却有着明确的规定，且基本满足 Lieberthal 提出的三个条件：中央政府已感到整顿土地市场迫在眉睫，并通过反复发文、派出土地督查组等方式强调这一政策的优先性；下层政府对土地政策的遵从，基本是可衡量的。更重要的是，中央政府为了减少土地市场整顿的监督工作，还制定了一个选择性激励机制：地方政府若能对土地违法行为自查自纠，可获得从轻处理；但若不查不纠，且被中央抽检到，则要严加处理①。但是，中央政府在土地政策上的紧急调整，对于地方政府来说，无异于"大跃进"。如果按照中央的规定，浙江省至少要撤销65%的工业园或开发区②。这对仅仅是圈了块地、地皮上还长着野草的园区尚有可能；但要撤销那些已是机器隆隆的工业园，基本上是天方夜谭。所以，对权力集中的政权而言，政治话语的转向和具体政策的改变可在很短时间内完成，但要地方经济这艘大船迅速掉头，却绝非易事。何况不少干部认为，"在中国，跟着政策发展肯定吃亏的。政策让你走，你一定要飞；政策让你走一步，你起码要走三步；政策不让你走，你也要偷偷摸摸地走"（C10，2007年5月23日）。镇领导C10认为J市发展得好的地方，如Y市和D市的HD镇，都是"不听话"发展起来的，他们一起步就飞着前进，等到中央喊停时，它们已经不在中央严厉政策的调控范围之内了。

　　面对中央的新规定，地方政府陷入了两难境地。一方面，中央的土地政策有着硬性的规定，同时中央政府为促进这一政策的执行提供了选择性激励机制；另一方面，地方政府因主客观原因不可能或不愿意执行中央政策。在这种情况下，地方政府采取了在形式上

----

　　① 2003年2月21日国土资源部印发的《进一步治理整顿土地市场秩序工作方案》的通知明确土地治理整顿的原则是"自查为主、突出重点、重在整改、区别对待"，"对治理整顿中发现的问题必须主动纠正，对不主动自查自纠，通过上级抽查或群众举报发现的问题，依法从严处理。属于新《土地管理法》实施前发生的历史遗留问题，要本着尊重历史的精神，抓紧处理；属于工作中的问题，凡是进行自查自纠的，以后不再作为问题提出；属于违法的问题，只要是主动自查自纠的，可以依法从轻处理。对仍然有令不行、有禁不止，甚至执法犯法，为不法分子大开方便之门的，要依法严肃处理并追究领导责任，触犯刑律的，移送司法机关依法处理"。

　　② 在未开展清理整顿之前，浙江省有各类开发区758个，其中由县级及以下政府设立的开发区就有489个，若按中央政府的文件规定，这489个开发区都必须撤销。

执行政策，进行自查自纠①。对地方政府而言，形式化政策执行必须达到两个目的：（1）让中央认为地方政府执行了政策，尤其是对已有的土地违法案进行了自查自纠；（2）中央政策事实上没有被执行。地方政府是否做到了"自查自纠"，则主要表现在是否主动汇报土地违法行为，是否自行对这些违法行为给予相应的处罚。比如五部委联合督查组在广西、河南督查后得出的结论是"基本上能够认真开展自查自纠"，这一结论主要基于督察组成员的如下观察："钦州市政府制定了《关于进一步加强建设用地管理的通知》，其中收回了钦州港经济开发区的土地审批权和规划管理权，撤销了钦州大田工业园；河南省济源市政府将城区114宗违法占地单位在新闻媒体上公开曝光，并重点对行政事业单位的经营用地、非法圈占集体土地、违法违规交易土地等九个方面的问题进行清查，限期纠正50多宗违规使用国有土地行为。"（汤小俊 2003）从这个大背景出发，我们可以更好地理解浙江省人民政府为什么会于2004年4月16日下发《关于各类开发区（园区）清理整顿方案的公示》，并将之刊发于当天的《浙江日报》上。

在《浙江日报》刊出公示前，基层政府已按国务院办公厅2013年7月30日通知（见附录二）要求开展了"自查自纠"。2003年10月16日，D市政府下发了D政发〔2003〕第100号文件，撤销D市黄奚桃源工业园，将其改名为华镇城镇规划功能区②。而事实上，作为"自查自纠"的结果，桃源工业园区只不过

---

① 国土资源部会同国家发展和改革委员会、监察部、建设部、审计署，联合组成10个督查组在2003年8月8日至9月19日分三批对全国31个省、区、市土地市场秩序治理整顿工作进行了督查，督察员在实地调查时发现"看似轰轰烈烈的自查自纠背后也有令人担忧的现象。就笔者感受，各地搞自查自纠的动力相当程度上是冲着这次治理整顿的一个政策而去的，即'凡是主动自查自纠的，可以依法从轻处理'，而不是真正从着眼本地土地市场秩序好转的角度出发。这样一来，许多地方就利用机会把不合法的做法合法化，以期躲避对违法行为的追查"（汤小俊 2003）。

② 参见J市国土资源局《关于群众反映D市桃源化工工业园区十家企业非法占用土地问题的调查情况汇报》。

改了番号，园区内的企业照样生产，并且黄奚农民也是事隔很久之后才知道改名一事。华镇镇领导 C10 在采访中说："土地政策收紧后，一个县只能有一两个工业园区，其他乡镇不可能有工业园区。中国人很聪明的啊，园区不能叫了，就叫工业功能区。上有政策，下有对策。上面来检查的时候，我们说我们没有园区啦。全省都这么搞的。"（C10，2007 年 5 月 23 日）不过，违法用地终究需要合法化，但将违法用地合法化必须经过相应的行政程序。"违法用地合法审批需三个条件：一是符合土地利用总体规划；二是符合城镇总体规划；三是依法经过行政处罚"（C7，《剖析黄奚事件》）。早先的改番易帜，基本上完成了前两个步骤①。但要将桃源工业园区的土地彻底合法化，还必须对违法土地作出行政处罚。因而，2004 年 7 月 26 日 D 市国土资源局一次性对桃源工业园区内的 14 家企业分别开出《土地违法案件行政处罚决定书》，给予各企业如下行政处罚：（1）没收非法占用的土地上新建的建筑物和其他设施，并责令企业退出土地；（2）对非法占用的土地处以每平方米 15 元的罚款。D 市市委还要求，在"8 月底前完成土地处罚工作的目标"（C4，《关于 D 市"4·10"事件有关情况的汇报》）。

形式化的政策执行制造出形式化的抗争机会。因为这种机会是形式化的，所以抗争者不能待其解决实际问题；但它毕竟又是一种机会，因而可以成为抗争的武器。

## 政治机会运用

在政治话语和具体政策上，中央政府为黄奚村民反对土地违法和环境污染提供了政治机会，地方政府为应付中央督查而制造了一

---

① 这种通过省政府即有权决定的"规划调整"，将工业园区或开发区的违法土地合法化的做法，其实在 2003 年国务院五部委组成的土地督查组成员眼里也是见怪不怪的（刘剑 2003，页 7）。

些形式政治机会。但是，政治机会结构中的各种机会，对农民来说具有不同的权重和适用性。

首先，黄奚村民对中央政府提供的政治机会并非均力使用，而会重点选择那些规定明确的特定政策机会。华镇事件虽然是一起环保抗争，但村民极少运用环保政策变化所带来的政治机会。比如雷声最大的《环境影响评价法》，在我搜集到的 22 封上访信中，无一提及该法。农民上访信中有关环境问题的陈述，也多从感官上描述污染多重、百姓受苦之深。在我采访过的村民中，只有 P3 因刚刚参加过北京 NGO 主办的《环境影响评价公众参与暂行办法》培训，华镇事件后才对该法略有了解，其他村民均不知有此法律存在。在环评法生效后，桃源工业园还在扩建，地方政府仍在引入新化工项目。但是，《环境影响评价法》所提供的政治机会在黄奚抗争中可以说是被错过的机会（missed opportunity）（Sawyers and Meyer 1999）。事实上，《环评法》提供的政治机会也缺乏操作性，因为在这部法律中，"虽然公众参与环境监督的权利在法律上得到肯定，但在参与的具体条件、具体方式、具体程序上还缺少明确细致的法律规定。就是说，公众一旦遇到具体的环境问题，不知道如何参与"（潘岳 2004）。村民也极少用其他环境法律进行抗争，因为他们难以获得相应的检测数据，以计算污染导致的具体损害程度；同时，他们也难以证明损害与污染之间的因果关系。

根据 22 封上访信以及 V11 从 2004 年 8 月 4 日至 11 月 14 日这段时间的日记，我们可以看出，黄奚村民自始至终主要是"借土地问题做环保文章"（C9，2004 年 3 月 9 日 D 市政府召开的环保会议），因为在黄奚村民所拥有的机会结构中，土地政策的规定是最明确的，因而相应的政治机会是硬机会，最具操作性。土地合不合法，村民对照法律和政策，能自行加以判断。所以，"村民死抓的就是退园还田"（C9，3 月 4 日上午华镇镇干部会议）。其实村民想着采用这一策略，可以一石二鸟，因为如果土地问题解决了，环保问题也终将消失。如 V12 所言："把田还给我们的目的，就是要厂撤掉。"（V12，2007 年 5 月 24 日）。用明确的土地违法反对不能明鉴的环保问题，这种做法不仅是黄奚村民的实践，学者于建嵘也有类似的观察："村民可能不告环保，告土地，说你不应该拿我的地做东西。最近我们注意到了陕西一个地区，村民没办法说你的环境污染，说是你使用了我的土地。"① 因而，政治机会结构中的各个机会对农民的抗争是否重要，关键是看这一机会是否具有可操作性，是不是硬机会。

村民有选择地运用政治机会，还与村民接受到的各种政策机会信号的强度有关。黄奚村民借土地问题做环保文章，除了因为土地政策有明确的规定、土地违法容易判断之外，还因为村民接受到更多有关土地政策的机会信号。在土地市场整顿过程中，中央要求地方自查自纠土地违法案件，并且下派督查组检查土地政策的执行情况，这客观上加强了土地政策机会的信号效果。地方政府为了让中央土地督查组看到"自查自纠"的表现，必须在事前召开会议，制定各种意见办法，在媒体上披露自查自纠的结果。这些做法虽然满足了应付中央督查的需要，但也给村民制造了很多了解中央政策的机会。黄奚五村的 P3、V2 二人最初发出"我们报仇的机会来了"，是省政府于 2004 年 4 月 16 日在《浙江日报》上公布《关于各类开发区（园区）清理整顿方案的公示》之后不久，而事实上，国务院、国土资源部会同其他部委对土地市场的整顿在此时已接近尾声。也就是说，村民感受到的机会不是直接来自中央的各种通知和规定，而是从地方政府应付中央督查的行动中获知的。但是，自从黄奚村民从省政府公告中得知撤销园区一事，他们的注意力就集中到了土地政策上，随之把国务院 2003 年以来的相关规定通过各种途径一一找出，并且更加敏锐地捕捉后续的有关土地政策的机会信号。比如，2004 年 7 月 26 日 D 市国土资源局对桃源工业园区内的

49

----

① 于建嵘在 2007 年由南方报业传媒集团主办、南方都市报和腾讯网承办的《中国水危机与公共政策论坛》上的发言。

14 家企业分别作出行政处罚后，8 月 9 日村民已获知了这个不对外界公开的信息（V11，2004 年 8 月 9 日日记）。也就是说，一旦村民认识到某一类政治机会很重要，他们就会循此追索相关机会。村民在 8 月 9 日得知行政处罚决定一事后，V11 和 P3 等人于 8 月 11 日就赴 D 市国土资源局上访，并从副局长那里得到了证实。

其次，黄奚村民清楚地认识到，地方政府的行政决定所产生的形式政治机会是假机会。从 V11 的日记可以看出，当时村民相信他们的土地即将被政府征用，因为那些似乎已接到土地征用口头通知的黄奚五村干部，经常对村民说，"反正下半年土地要被征用"。黄奚村民也不相信 D 市国土资源局作出《土地违法案件行政处罚决定书》后，会将化工园区的土地归还村集体。村民认为，D 市国土资源局只不过"搞了个空头文件"而已（P3，2007 年 6 月 11 日），"马马虎虎罚了款"（P1，2007 年 6 月 8 日）。他们在 2004 年 8 月 9 日得知国土资源局对企业作出行政处罚后，第一反应是"原桃源化工区企业用地没有办理审批手续，这次是搞突击行动。这种欺上瞒下、以罚代法的行为与强盗土匪、超级巨骗有什么区别？与旧社会地主资本家霸占土地、草菅人命有什么区别？"（V11，2004 年 8 月 11 日日记）村民在上访过程中，更直接地认识到 D 市的《行政处罚决定书》的处理是假，欲通过该程序将违法土地合法化是真。如 V11 和 P3 等在 8 月 11 日去国土资源局证实土地行政处罚一事时，该局副局长以决定书"已送上面"为由拒绝村民"文字能否给看看"的要求。又如，2004 年 11 月 16 日，在黄奚村民对土地处罚提出疑问时，浙江省国土资源厅的官员直截了地当地告诉村民："他们处罚了之后可以买回去，通过补办手续，再征用这些土地。"村民也从桃源工业园各企业可以顶风扩建的事实中，判断出《行政处罚决定书》不过是将违法土地合法化的前奏。如 2004 年 11 月 25 日，黄奚村民在寄给国务院办公厅的一封上访信中提道："国务院办公厅在 2004 年 4 月 29 日（下发了）《关于深入开展土地市场治理整顿、严格土地管理通知》，《浙江日

50

报》在 2004 年 4 月 16 日发表的报道中撤销了 D 市黄奚镇桃源、SW 两个工业园区。可是相反地,黄奚工业园不仅没有缩小,反而一步步扩大。在最近两个月时间内,共建房屋 100 余间。"因而可以说,村民清醒地认识到,D 市作出的行政处罚,只不过是"以罚代法,妄图偷梁换柱,变非法、违法为合法"(V11,2004 年 8 月 11 日日记)。

再次,黄奚村民虽明知形式政治机会并不是为了解决农民的实际问题,但他们却极力去掌握它、运用它。D 市国土资源局作出的《土地违法案件行政处罚决定书》是一个形式政治机会,但村民依然把它当作可资利用的抗争武器,并极力去掌握这一武器,要求政府部门按公文行事。2004 年 8 月 11 日,V11 和 P3 等赴 D 市国土资源局要求查看《决定书》的文件,该局局长以"已送上面"为由拒绝出示后,V11 等立即就在其办公室当着他的面,致电向浙江省国土资源厅汇报请教,而省国土厅的工作人员鼓励他们拿起法律的武器(V11,2004 年 8 月 11 日日记)。8 月 25 日,D 市国土资源局执法人员在村民多次要求下,前往桃源工业园阻止园区内企业顶风抢建厂房的行为。V11 当着承包了园区工程的村干部、执法人员的面,又给省国土厅打了电话,国土厅的工作人员再次鼓励他们拿起法律的武器,"去打行政官司"(V11,2004 年 8 月 25 日日记)。另外,V11 还致电《人民日报》,报社人员告诉他们 D 市政府"现在搞罚款是顶风作案"。这种通过"电话请教,始终(与'上面')保持联系"(V11,2004 年 8 月 11 日日记)的做法,是欧博文和李连江(O'Brien and Li 2006)观察到的依法抗争的升级版。在升级了的依法抗争中,黄奚村民利用现代通信技术,通过电话当着下级官员的面请教上级政府,这种做法使官僚系统中的上级、下级与农民三者形成了虚拟在场,这种在场可以在一定程度上打破上下级政府部门可能形成的共谋。上级政府由于受到政治话语和法律法规的约束,在这种虚拟的在场中,不得不站在农民的一边,为他们说话,而且上级工作人员与农民的对话,间接地成为对

51

地方政府的训诫。另外，村民当着地方政府的面，得到了上层政府的支持，这坚定了村民的抗争决心，也为他们后来采取的直接行动提供了合法性来源。

村民最后得到《决定书》的复印件，也是通过上级对地方的压力获得的。2004年10月29日，村民在二度赴京上访后的返程途中，又去了省国土资源厅，要求看D市国土资源局"送到上面"来的《决定书》，省厅工作人员说没有该文件，要到D市国土资源局去查。黄奚村民十分委屈地说，"D市肯定不给查"，省厅工作人员说"给你们介绍信"，并说"化工园区继续新建厂房，可叫他们停工，如不停，可直接拨省厅和D市局电话，叫他们执法"（V11，2004年10月29日日记）。黄奚村民拿到介绍信后就去D市国土资源局，要求看《行政处罚决定书》，吵了许久，才被允许看文件，但不能复印。11月10日，村民再次拿着J市国土资源局开给他们的"要求了解园区土地处理情况"的介绍信，几经周折后，才复印到了《决定书》。

复次，黄奚村民虽认识到形式政治机会之假，但仍工具化地使用那些机会。2004年11月11日，也就是V11等从D市国土资源局获得12家《土地违法案件行政处罚决定书》①后的第二天，P1和其他村民就立即将这些文件复印出来，并分发到各村。11月27日，很多村民拿着《决定书》的复印件，到工业园区找相关企业，要求他们退出土地。2005年2月28日，黄扇村的抗争代表给D市市政府、市公安局、市人民法院、市国土资源局以及华镇镇政府、镇派出所等部门发出《协助收回桃源化工园区企业违法使用黄奚黄扇集体土地的函》②。该信写道：

---

① 有两家企业的《行政处罚决定书》村民没有复印到。
② 据说，黄奚五村也向相关部门发出了类似的函，但是我没有收集到相关的资料。

根据 2004 年 4 月 16 日浙江省人民政府关于撤销桃源工业园区的决定、D 市国土资源局 D 土资处字（2004）336 号关于土地违法案件行政处罚决定书和《中华人民共和国土地管理法》的相关规定，为尽快落实国家有关农村土地政策，纠正非法批租农村集体土地和企业违法占地行为，保护农村宝贵的土地资源，消除化工企业对周边环境、百姓健康和农作物的损害以及重大伤亡事故的安全隐患，黄奚黄扇村民已通知相关公司立即停止一切生产活动，并尽快清除厂区和被污染区的一切有毒有害物质，恢复土地至可耕种状态，在黄奚黄扇村民委员会组织评估后归还给原土地所属集体。黄奚黄扇村民将组织人民监督企业退出土地，如果企业不能自行退出土地，希望 D 市政府①督促企业尽快退出土地、协助黄奚黄扇村民执行土地收回工作。是为至盼。

53

黄奚村的村民不仅要求企业退出土地，还认为"国土资源局罚款②取之于民，用之于民，应拨回给黄奚人民享受"③。

最后，形式政治机会为黄奚村民的直接行动提供了合法性。在 2004 年 3 月 4 日上午召开的党支部书记及联村干部会议上，华镇国土资源所所长说："桃源化工园区村民反映最关键的是环保问题，空气、水受到了污染，水不能吃，菜种不出来。村民知道没有地不能办厂，所以要求撤销用地。村民反映用地问题是实事求是的，未批先建不符合规划要求，因而他们要求撤基还田。反映的处罚通知书也是实事求是的，这个处理是符合国务院要求的。我们去年因为没有指标，不能办理土地征用。因而，村民要求 20 日内撤基还田。"该所长还说，对于违法用地上的建筑，

① 这里的称呼根据去函单位的不同而不同。
② 《土地违法案件行政处罚决定书》作出的对园区内的企业进行的罚款。
③ 引自 2005 年 3 月 15 日以"黄奚人民群众"的名义递交给"中共 D 市市委、D 市人民政府"的上访信。

"按道理是该拆的，但是拆不了"（C19，工作日志记录）。2005年3月4日，在 D 市一酒店召开的桃源工业园区座谈会上，某局刘姓局长说："对于土地上的问题，老百姓是有道理的。"华镇领导 C7 在《剖析黄奚事件》中也写道："工业功能区的土地一直处于非法或半合法化状态。这给五村部分群众上访、告状留下借口，也是政府在黄奚事件中不敢强硬的理由之一。至于土管局，他们从自身职能出发，依法、依程序进行处罚，并把案子于2004年12月6日移交 D 市人民法院申请强制执行，这情有可原。但这一情况被部分村民知情后，整个工作非常被动。"镇领导 C8 肯定了形式政治机会在合法化农民直接行动中的作用："老百姓拿了那个处罚决定来镇里，我说奇怪了，我怎么没有看到。老百姓看到这个决定，对他们来说，实际上是一个很大的契机。'4·10'这个事情，事实上是国土资源局作出了这个处罚决定，老百姓觉得，你这些企业违法占地，要搬走。他们觉得政府部门都做出决定，你必须搬走。这对老百姓是个契机。2005年2月28日，他们把那个处罚决定送到我这里，送到派出所，要求政府部门协助他们收回土地，说，'如果20天企业不搬走，土地不还给我们，我们要强制收回土地'，他们的依据就是国土部门的那个决定。"（C8，2007年6月27日）

## 特殊群体机会

仅有形式政治机会，不能直接帮助黄奚村民收回土地，反对污染；而上访这种调停式抗争（mediated contention，O'Brien and Li 2006，p.69），不仅没有解决村民的旧怨，反而引发了新仇。村民该何去何从？逃离（exit）村庄、躲避污染？还是继续忠诚（loyalty）地等待"上级青天光顾黄奚上空"[①]？抑或更大声地发出别样

---

① 黄奚村村民于2004年10月20日呈递的上访信的结语。

的声音（voice）（参照 Hirschman 1970），让当权者不得不听他们
言说？

　　黄奚村村民最终选择了另类地发声，因为污染威胁迫使他们
不得不行动。Goldstone 和 Tilly（2001，p.184）将威胁分为当前
威胁（current threat）和镇压威胁（repressive threat），前者是指
抗争者正在经历或者可以预期的威胁，如金融危机、军事失败
等，后者是指来自国家暴力的威胁，如杀戮、被捕等。黄奚村民
感受到的当前威胁，是现有污染的加剧和新污染的引入。我在前
一章中，已详细介绍了桃源工业园的污染对村民的生计、身体、
宗族所造成的威胁。村民感到，"山在哭，水在泣，庄稼死，勤
劳善良的王宅附近几万父老乡亲在慢性中毒后走向鬼门关，有几
百年文明历史的王宅及附近将遭灭族之灾"（《告华镇同胞书》）。
村民的直接行动发生在 2005 年 3 月，是因为污染的威胁在当时
达到了顶峰。黄奚四面环山，冬天阴雨绵绵，化工厂排出的污染
久聚难散（C18，2005 年 3 月 4 日镇政府会议）。经历了整个冬
天折磨的黄奚村民，本已不能承受现有污染之重，而此时的 D 市
政府却运筹帷幄，在黄奚大搞现场会，欲再征 200 亩土地，将
DY 化工厂搬迁至此。市长在当年市人大会议上做的政府工作报
告，还将 DY 化工厂搬迁到桃园工业园列为重点操办之事（C5，
2008 年 4 月 30 日）。V11 说，村里人从报纸上看到市长的政府工
作报告，心里更加绝望，抗争决心也更坚定（V11，2007 年 6 月
23 日）。因为目前的污染已不能承负，岂能再添新毒？正如 Tilly
（1978，p.135）所指出，威胁有可能会比机会更能促发集体行
动。黄奚村民因现有污染加重和新的污染即来，遂决定再次依靠
自己，采取直接行动。2005 年 2 月 28 日，黄奚五村和黄扇村向
市镇两级政府相关部门送达了协助收回集体土地函，并提出三种
解决污染的方案：（1）将化工厂搬走；（2）将整个村庄迁往他
地；（3）市领导的子女来黄奚与村民同吃同住两个月（P3，
2007 年 6 月 3 日）。这 3 个要求没得到任何回应。2005 年 3 月 24

日，村民转身求己，搭棚堵路。从2001年“10.20事件”的暴力自救，到2004年4月起的攀登官僚系统阶梯的上访，再到2005年3月的搭棚自救，黄奚农民的抗争完成了“求己——求人——求己”的轮回。

那么，该如何发出别样的声音？事实上，村民首先考虑的不是声音如何另类，而是怎样才能安全。黄奚村民当时在决定抗争方式时，主要考虑的是如何降低 Goldstone 和 Tilly 所说的来自国家的镇压威胁。一位积极分子说，“2001年的教训放在那里了”（P4，2007年6月23日），即暴力自救只会遭到压制。所以，这次村民决定采取非暴力不合作的抗争方式：搭棚堵路，日夜静坐。在搭棚之前，几个积极分子咨询了威望极高的退休干部 V13。当时，同受污染之苦的 V13 对他们说：“我不能答复你们，我不能同意，不能说你们可以去搭。你们如果要去，有几个问题要注意：第一，不能挂横幅，不能发传单，不能贴大字报，这些都是违法的；第二，不能骂人，不能打人、搜身，对别人进行人身攻击；第三，不能砸坏机器、门窗、房子，不能堵塞交通，违法的事情不能做。2001年已经出了事情，打人砸东西，理由是对的，但方法错了。第一次为什么失败，方法错了，合法的事情用了非法的手段去做，就犯错误了。”（V13，2007年4月23日）抗争代表 P3 也说：“我们经历过2001年，所以我们都知道的，什么人去我都要说，什么东西都不要碰，车子不要碰，人也不要碰一下，厂里你也不要去闯，在那里搭棚就是在那里搭棚。”（P3，2007年6月11日）在搭棚现场，后来被政府二度送往精神病院的 P6 用大喇叭说，“要吸取上次的教训，什么东西都不要碰”（P6，2007年6月15日）。但是，搭棚堵路这种抗争方式，在中国历史上屡见不鲜，即使采用非暴力不合作的形式，也大多被政府迅速控制。十个中青年在“10.20事件”被捕入狱的经历还教会黄奚村民：年轻人不能冲锋在前。于是，从2004年上访以来一直十分积极的老年人，成了2005年搭棚堵路抗争的中坚力量。

已有研究显示，在传统上被认为消极、保守、无力的老年人，有可能在社区抗争中表现积极。在有关老年人的研究中，脱嵌理论（disengagement theory）（参见 Cumming and Henry 1961；Agnello 1973；Fischer 1977）和群组理论（cohort composition theory）（参见 Jannings and Markus 1988；Cutler and Kaufman 1975；Campbell and Strate 1981）基本上都认为，老年人随着年龄的继续增长，将渐渐与其所属社会系统脱离。特别是由于体力、知识和技术等资源的缺乏，老年人的政治参与将大幅减少，且尤其不容易卷入非制度化的政治参与，如罢工、静坐、反叛等。但也有研究显示，人入暮年并不意味着在政治上彻底沉寂（Ward 1979）。尤其是那些"老年能人"（able seniors）（Hudson 1988），他们仍是公共生活的重要参与者。特别是随着人口结构的老龄化，老年人因人多而拥有了新的权力，比如选票恐吓（electoral bluff）（Binstock 2000）。挪威老年市民协会上街抗议的口号是"我们老了，我们人多，我们很危险，你们等着瞧"（Berglund 2006），这显示了老年群体可能具有的抗争力量。事实上，老年人只要拥有一定的动机、资源和机会，他们就有可能起而反抗遭遇到的不公（Campbell 2003；Jennings 1979）。

在中国，老年人的社会地位在最近几十年里直线下滑，原有权威受到了极大的削弱。但是，也有研究显示，随着村民对地方政府信任的降低，有些地方政府和商人重新利用老年权威，以期形成新的地方权力关系（Hansen 2008）。在浙江省不少农村中，老年人还通过老年协会重新获得了一定的权威，在社区政治中发挥重要作用（邓燕华、阮横俯 2008）。在中国抗争政治中，老年人也是重要的参与者。根据李连江在 2003 - 2005 年所做的两次调查显示，40%上访者年龄在 50 岁以上，16.7%的上访者年龄超过 60 岁。在行政诉讼中，Michelson（2006a，p. 15，pp. 23 - 27）也观察到老年人的积极参与；在另一研究中，他甚至认为有老年妇女参与的上访更有可能获得成功（Michelson 2006b）。除了加入上访这一制度化抗争，老年人也参与到扰乱式的集体行动中（邓燕华、阮横俯 2008）。

57

　　老年人在当代中国农村集体行动中发挥显著作用，原因有二。首先，随着城市化和工业化的进程，年轻村民进城打工，老年人成为最大的留守群体，因此他们更依赖村庄。比如黄奚老年人参与搭棚堵路，其中一个原因是老年人的收入因土地流失和污染损害而大幅下降，如一位年轻村民说，"我们（这里的土地原来）可以种三季，一季小麦，两季水稻。（但）他们（政府）只算了一季（的补偿），他们说我们剩余的时间可以去打工。许多村民，（特别是）那些老太婆老太公都是靠种菜、种粮食的，他们三季都种起来的话，肯定不只这个收入"（P10，2007 年 6 月 11 日）。

　　更重要的原因是，老年人身体的脆弱性约束了地方政府对暴力的使用，而且人入暮年的心态也令他们不畏压制。华镇一个镇干部认为，以老年人为主体进行搭棚堵路的抗争方式，"是策略。（老人说）我也没几年好活了，出来闹，被政府处分了也不怕，他们没有后顾之忧了，他们就这种姿态"（C20，2007 年 6 月 20 日）。老年村民觉得，"老人去（搭棚），是因为抓去没有用，不怕抓。我们是为了儿子、孙子的，我们活着的时间已经很短了，但是我们后代要一代代活下去"（P15，2007 年 5 月 24 日），"不能让儿子、孙子下一代这样受苦，为了自己的下一代也要去搭棚"（V13，2007 年 5 月 24 日）。华镇的地方干部对参与抗争的老年人头疼不已，他们说，"这些老人，他可以打我两下，我不可以打他一下"（C16，2007 年 6 月 20 日）。据说，D 市公安局局长面对被传唤到局里的老人，曾发愁道："这些头发白白的，又是 70 多、80 多的老太婆，把她们抓起来，责任我怎么担得起？第一，我也养不起；第二，死掉了我也担不起责任。他们眼睛又不好，又不能劳动，吃又要吃好的，我们养不起啊。"（V12，2007 年 5 月 24 日）正因为老年群体有这样的优势，加上他们暮年的心态，使很多黄奚老年人愿意并敢于参与搭棚抗争。

　　黄奚村民不仅打了年龄牌，而且还在抗争中加入了性别元素，即搭棚堵路的参与者，不仅是老年人，而且往往是老年女性。E. P. Thompson（1993，p.234）引用诗人 Robert Southey 的信件这样描述抗争中的妇女："女人更倾向于反叛。她们更不畏惧法律，部分是因为她们的无知，部分是因为她们恃其在性别上的优势。因而，在所有的公共骚乱中，她们是最暴力、最残忍的。"虽然，Southey 的描述不免言过其实，但在压制型政治环境中，女性所具有的性别优势，在抗争中被广为运用（如 Alvarez 1990；Fisher 1989；Jaquette 1991）。女性是家庭和社区的主要护理者，她们更有动力反对侵害社区的现象；女性还在传统上被国家标定为不具政治性或威胁性的人群，这降低了抗争中的女性遭遇严厉镇压的风险。老年妇女在抗争中除了享有以上提到的关于老年人和女性所具有的优势外，她们甚至还利用社会大众对老年妇女所抱持的负面刻板印象，从而拥有了更多运用扰乱性策略的机会。我观察到不变的性别关系（如，以男性为主体的政府官员不愿意同抗争中的老年妇女拉拉扯扯）和负面的刻板印象（如，认为老年女人啰唆、"拎不清"等）使抗争中的老年妇女干脆采取了许多"出格"的行为，让地方官员哭笑不得。一位镇干部说，在华镇抗争中，"一般来说女的多。男的嘛，跟他讲道理可能还讲得清，女的不讲道理的时候，什么都听不进去"（C20，2007 年 6 月 20 日）。V12 的妻子在抗争中，"对公安局的人说，你把我抓去好了，手铐铐去。（但）你要给我吃药，我有心脏病"（V13，2007 年 5 月 24 日）。有些被传唤到公安局的老年妇女甚至说，"我是有毛病的，小便很多。你们把粪桶给我拿进来，不然我就拉在裤子上"（P15，2007 年 5 月 24 日）。黄奚老年妇女在抗争中，一看到来搭棚区做工作的干部，就立马穿上送葬用的白色孝服，点上香火，不停跪拜（P15，2007 年 5 月 24 日）。这些往往只有老年妇女才会做的"出格"行为，虽然格调不高，但却吓跑了来拆"心棚"的工作组成员。纵观华镇事件的始末，可以说，老年妇女对抗争成功起了决定性作用。黄奚人对老年妇女的歌颂，我们可从一首诗歌中领略几许："巾帼烈女白发竖，横眉冷眼识尘世。敢为黄奚百姓事，但令身躯抛生死。强权威武不屈挠，阎王面前也逞豪。几失自由节不变，堪称当今江雪琴。"

因而，老人群体在抗争中拥有更多的机会，是因为他们处于弱者的地位，可以使用弱者的武器（Scott 1986）。老年妇女，又是弱中之弱，她们因而拥有更多弱者武器，在约束国家使用强制力上也更具优势。这种弱者的力量，往往是压制型政治系统中直接行动得以持续的关键。我们可以从媒体的报道中看到，中国各地发生的扰乱式直接行动，大多一起即倒，历时甚短。如果承认中国大部分抗争者面临 Wilson（1961）所提出的"无权者的困境"，而抗争又是他们用以同当权者讨价还价的最主要资源（Lipsky 1968），那么具有扰乱效果的直接行动的持续性则至关重要。持续时间越长，抗争所造成的负激励（Wilson 1961，p.292；Lipsky 1968，p.1145）越大，抗争者因之获得讨价还价的筹码就越多，因为扰乱式抗争能取得什么样的结果，主要看反抗行动所产生的负激励造成了多大的制度性混乱（Piven and Cloward 1979，p.24）。而"一个群体通过施加负激励能获得多大的力量，多有变数。负激励产生的影响，首先取决于被（抗争者）终止的贡献于对方而言是否重要；其次，因抗争造成的混乱而受影响的群体是否具有妥协的资源；第三，引发混乱的群体是否能够很好地保护自己以免遭到报复"（Piven and Cloward 1979，p.25）。

在华镇事件中，以老年人特别是老年妇女为主体的搭棚堵路策略，降低了地方政府镇压的可能，延长了抗争的时间，扰乱了正常的官僚秩序①。一村民在采访中生动地道出了持续抗争的重要性："过去的《孙子兵法》说：'三十六计，走为上。'我到那

---

① 在华镇事件中，官民之间直面对峙历时两个月之久。当时整个 D 市，后来甚至 J 市、浙江省政府系统的工作秩序都被打乱了。在农民抗争的高峰期，各级政府派往华镇的工作组成员近 200 人左右。

里［指搭棚现场］就宣传，'三十六计，守为上策'。走不了，要守。这个关口要是守得住，死定了他们。守不住，老百姓肯定输。后来守啊守，让他们［指厂方和地方政府］很难受了。"（P7，2007 年 5 月 27 日）所以，并非如镇领导 C7 所说的那样，"2004 年，嘉禾事件、铁本事件一出来，以人为本、亲民思想一出来，宏观调控了，公安不敢对他们动手的，那时候政府是软弱的。2001 年他们也这样搞过，公安抓人的啦，2005 年就不敢了"（C7，2007 年 7 月 17 日）。而更准确地说，是村民采取了以弱对强的策略，令政府强硬不得。

作为弱者的老人为了村庄的公共利益，抗争在最前线。他们饱受风吹日晒，日夜守候在临时搭起的简陋竹棚里，这样的艰辛让其他村民感到内疚。这种愧疚感，成为团结华镇其他村民、动员他们以其他方式参与抗争的心理基础。一村民说："我没有去搭棚，我太年轻了，我去搭棚，（政府）马上就要抓。另外我在一个染布厂工作，没有时间。那时我不够 60 岁，60 岁以上我就要去参加了，能够参加，肯定要去参加，因为是为了老百姓嘛。一般到了晚上，我会去搭棚的地方走一走，看一看，那个时候感到对不起老年人。心里很激动的村民，会去讲些好话，慰问他们，说'你们辛苦了，你们辛苦是为了后代造福，为了子孙后代'。就是讲这样的话。"（P8，2007 年 5 月 27 日）老人在棚里静坐，"年轻人在周围看着"（P15，2007 年 6 月 8 日），这种配合使弱者的抗争拥有了较强者的支持，因为，一旦有政府官员尝试到棚里将老人拉出来，必然会拉拉扯扯，在旁边观看的人就会一哄而上，指责政府官员不是人，连老人都打（C17，2007 年 6 月 21 日）。

根据上文分析，抗争机会不应仅仅指政治机会，还应包括其他类型的机会，如本章所论述的特殊群体所拥有的机会。Gamson 和 Meyer（1996，p. 279）指出："机会具有很强的文化色彩，如果我们仅关注政治制度和政治行动者之间的关系，我们将忽视其他重要方面。"所以，我们在研究集体抗争机会时，除了探讨结构性诱发因素外，也要研究文化性促进因素（Gamson 1988，p. 220）。老年人拥有的特殊群体机会，是一种文化机会，与 Tarrow（1996，p. 43）所指的特定群体机会（group - specific opportunities）不同，后者是指由于国家制定了有利于某一群体的政策而产生的机会。而本章所指的特殊群体机会，是由于群体本身所具有的属性在特定文化背景下而产生的机会。一般而言，特定群体的政治机会是受国家控制的，政府是可以通过制定、修改、废除相应法律和政策，令某一群体所拥有的政治机会伸缩有度（参见 Goldfield 1982）；而这里所讨论的特殊群体机会在很大程度上超出了国家的直接控制范围，因为一个社会通行的是非正邪标准，不会在短时间内被改变。因而，老年群体因自身属性而获得的机会，不会被轻易剥夺。

在华镇农民的抗争中，老年人这一特殊群体的机会是通过抗争策略的升级（tactical escalation）与创新（tactical innovation）开发出来的。一个具体抗争中的机会，深深地受到策略性考虑的影响（Goodwin，Jasper and Khattra 1999，p. 53），通过策略的升级和创新，抗争者可以开发新的抗争机会。具体的抗争策略，又是从抗争策略谱系（repertoire of contention）中选出的。所谓抗争策略谱系，是指一个群体对抗其他个体或群体的一整套方式（Tilly 1986，p. 4）。在任何时点上，一个人群所拥有的抗争策略谱系的范围非常有限，它的改变也很缓慢（Tilly 1978，p. 151，p. 156）。Tilly 认为至少有五个因素决定了一个抗争策略谱系的形成和变迁：（1）正确与正义的标准；（2）日常惯例；（3）内部组织；（4）先前集体行动所累积的经验；（5）镇压的类型。我们从上文可以看出，Tilly 列出的第四、第五个因素是引导黄奚村民进行抗争策略升级与创新的最重要因素。抗争策略谱系中的元素，是一个人群所拥有的技术与文化形式（Stinchcombe 1987）。新的抗争形式的产生，只能是协商式的创新（deliberate innovation）和艰难的讨价还价的结果（Tilly 1993，p. 265）。因而，抗争策略的创新，在大部分情况下只是原有抗争策略的"创造性的修改或者所熟谙之惯例的延伸"

（McAdam, Tarrow, and Tilly 2001, p. 49）。在黄奚村民的搭棚抗争中，以老年人为主体的搭棚堵路抗争，只不过是在"围堵"这一陈旧的扰乱式抗争策略中，加入了年龄和性别两个元素。

关于策略升级与创新的研究，研究者讨论得最多的是升级与创新的主体（McAdam 1982；Staggenborg 1989；McCammon 2003）、新抗争方式的传播（Kiebowicz and Scherer 1986；Tarrow 1993a；Minkoff 1997；Olzak and Uhrig 2001）以及策略升级与创新的结果（Gamson 1975；Freeman 1979；McAdam 1983；Hilgartner and Bosk 1988, pp. 62 – 63；Rochon 1988, p. 186；Tarrow 1989, p. 59；Almeida and Stearns 1998），而忽视了策略的创新可以通过实践者的变更得以实现。诸如堵路这类司空见惯的扰乱式抗争策略，会因实践者的不同而在抗争中产生完全不同的效果。特殊群体所拥有的机会，会使陈旧的策略爆发出新的威力。

# 小 结

通过本章的论述，我们可以更容易地理解为什么华镇农民的环保抗争表现为"借土地问题做环保文章"。农民的抗争往往具有多种政治机会，农民对这些机会并非均力使用，而是重点运用那些规定明确、易于操作的硬机会。在华镇农民的环保抗争中，中央政府新的土地政策向农民提供的机会，比新环保政策带来的机会更具体、更可操作，因而是华镇农民抗争的主要政治机会。

本章讨论了形式政治机会的产生及其在抗争中的运用。形式政治机会是地方政府既想消减政治机会又要应付上级监督的产物。农民虽然在主观上认识到形式政治机会的虚假，但在抗争实践中却将之视为真机会加以运用。形式政治机会不能直接解决农民的实际问题，但为农民的搭棚抗争提供了合法性来源。

本章还讨论威胁如何驱动农民创新抗争策略。华镇农民通过采取老年人搭棚抗争这一策略，充分发挥了属于老人的抗争机会，约束了地方政府的暴力发挥，使搭棚抗争得以长时存续。我们将在后面的章节看到，因为老年群体具有化弱为强的优势，老年人才可以进行策略性的表演，以进一步开展抗争动员，并争取社会公众的支持；也正因为老年人的脆弱性约束了对暴力的使用，才迫使地方政府转而诉诸情感工作加以回应，而这为农民赢得了深化抗争动员的时间。

# 第三章　动员结构：制度、组织与空间

各种机会的存在，只是为华镇农民的直面抗争提供了有利的环境。机会能否被转化成实际抗争力，还要看抗争者是否具有相关资源实现这一转化（Katz and Gurin 1969，p. 350；McAdam 1982，p. 44）。在西方社会运动中，社会运动组织是主要的资源动员结构（如 McCarthy and Zald 1977；McCarthy and Wolfson 1996），发挥着各种功能，如培养运动领袖、招纳运动参与者、募集各种资源、提出策略性框释等。但是，在非自由民主国家中，抗争者通常缺乏相应的组织资源（Tong 1994，p. 339），而且组织化的抗争动员极具风险。所以我们观察到，在威权或极权国家中，集体抗争主要依靠社会网络动员参与（Wiktorowicz 2000；Singerman 2004；Li and O'Brien 2008，pp. 9 - 10）。

但是，在中国这个威权国家中，我们也能观察到正式社会组织在有风险的抗争中起主导动员作用。在华镇农民的搭棚抗争中，老年协会是主导的动员结构，村民委员会是合法的动员平台。华镇农民之所以能成功地利用这两个组织动员农民参与集体抗争，是因为农民利用各种机制降低了组织化动员的风险。在华镇农民搭棚抗争中，村民委员会之所以成为合法的动员平台，是因为村委会选举这一制度，给抗争代表提供了将抗争议程嵌入合法程序的机会。这个嵌入机制，降低了抗争运动家在村内开展抗污总动员的风险。同时，并村运动扩大了村庄规模，改变了村委会选举的逻辑，客观上促使那些无抗争意图但希望在选举中获胜的候选人致力于抗污选举宣传。不管是抗争代表的有意宣传，还是其他候选人的借题发挥，这两种选举动员都具有抗污总动员的效果。老年协会是华镇事件的主导动员结构，它安排老人值班、给值班人员发工资、向不遵从的老人施压、协调各个村庄之间的抗争活动。老年协会之所以能成为华镇农民抗争的台前总指挥，不仅因为它拥有较强的实力且具有较高的自主性，更因为老年协会的组织包容性模糊了社会群体的边界与社会组织的边界，因而模糊了组织化动员与个体性参与的边界。在搭棚现场，老年人还充分利用以空间为基础的动员策略，灵活地动员不在搭棚现场但以潜在"共同在场"形式高度关注抗争的其他村民。以空间为基础的动员策略，有效地规避了组织化动员年纪较轻者的风险。总之，村民委员会选举过程作为抗污总动员、老年协会组织针对特殊群体的专门动员以及以空间为基础的灵活而广泛的动员，使华镇抗争既拥有面上的强大支持，又具有点上的突破力量。三种动员机制的协同作用，是华镇抗争获得广泛动员的主要原因。

## 村民委员会：合法动员平台

很多学者研究了村民委员会选举及其政治意义。尽管有学者对这一选举并不持乐观态度（如：Alpermann 2001；Kennedy 2002；Zhong and Chen 2002），但不少研究者肯定了它的积极意义（如：Manion 1996；Shi 1999a，1999b；Wang 1997；O'Brien and Li 2000；O'Brien 2001；Li 2001，2003），认为通过选举，可以选出更负责任的村干部，能够加强村民与干部之间的一致性（congruence），可以提高村民的权利意识和政治效能感。

### 选举与抗争

较少学者探讨村委会选举与农民抗争的关系，但相关研究已有四点主要发现：（1）村委会选举赋予农民反对村干部的武器，使农民有可能将不受欢迎的村干部选下台（Li 2003；Shi 1999b；O'Brien1994）；（2）这一武器的有效性提升了农民的政治效能感，继而刺激他们的政治参与热情（包括抗争意愿）（Li 2003）；（3）村委会选举提高了干群的一致性（Manion 1996），农民更有可能向村干部寻求帮助，以对抗上级政府施加的权利侵犯（Li and O'Brien 1999；Li 2001），同时，农民选出来的村干部也更愿意保护村民的权利（Wang 1997；何包钢、郎友兴 2000）；（4）由于干群一致性的提高，农民与上级政府之间的矛盾有可能转化成整个村庄与上级政府的矛盾（Li 2001），这可能使一个村庄变成欧博文所说的"失控的村庄"（Runaway village）（O'Brien 1994）。

　　已有研究很有启发，但没有对以下两个重要现象进行研究：（1）学者大多仅看到选举结果对村民抗争行为的影响，而未看到选举过程本身可以成为抗争的动员。候选人为了在选举中胜出，有可能通过抗争口号进行选举动员，而这个过程可能成为集体抗争的全村总动员；（2）学者观察到选举促成的干群一致性对抗争行为的影响，但缺乏对抗争代表参选村委会的行为进行研究①。在有集体怨恨的村庄，抗争代表极有可能在村委会选举中获胜，并使村庄进一步成为"失控的村庄"。这两个现象都显示出村民委员会具有成为抗争平台的可能。而且，更重要的是，这个抗争平台可以是一个合法安全的平台，因为抗争者可以将抗争议程嵌入到合法的选举程序中，从而降低抗争动员的风险。

　　以上两个现象在新近出现的超级村庄中更加明显。所谓超级村庄，是指地方政府为了整合村庄资源，推动农村建设，通过行政区域调整，将相邻的多个村庄合并成规模巨大的新村。村庄规模扩大后，村委会选举的逻辑也随之改变，因为：（1）合并而成的超级村庄，已不再是费孝通（1998）所说的熟人社会。参选村委会的候选

---

　　①　O'Brien and Li（2006，p. 37）在研究中提到了地方政府通过各种方式阻止"上访领袖"获得公共职位。

人，很难依靠亲友关系网络而获得足够胜出的选票。候选人为了争取关系疏远的村民以及陌生村民的选票，往往不得不进行以公共利益为取向的选举宣传。在有集体怨恨的村庄，这种宣传过程往往成为抗争的全村总动员；（2）村庄规模扩大后，贿选的成本也会增加，这在客观上减少了贿选在选举中的作用。特别是在有集体怨恨的超级村庄中，那些以公共利益为取向的抗争领袖因而拥有了更大的胜出可能。所以，村庄规模的扩大，凸显了公共利益在选举动员中的作用，这可能进一步提高村委会干部与村民之间的一致性，从而改变村民的抗争行为。因为"大村庄制"被官方认为是农村发展的大势所趋（刘越山 2008），所以我们有理由相信，公共利益在未来选举动员中将扮演更重要的角色；在有集体怨恨的超级村庄里，真正以公共利益为取向的候选人更容易胜出，村民委员会更有可能成为合法的动员平台。

### 村庄合并

2004 年 10 月，D 市市政府在全市范围内开展了并村运动。在并村前，D 市共有 1279 个村庄，市政府计划并村后减少六成行政村（C2，2007 年 4 月 10 日）。华镇响应市政府的号召，于 2004 年 10 月 16 日完成并村工作，将原有的 74 个行政村撤并成 18 个新行政村，可以说超额完成了工作。华镇的并村运动造就了一些超级大村，如黄奚六个行政村合并成的黄奚村，成为人口接近 8000 人的超级大村；又如，由 10 个行政村撤并成的黄凡村，其规模相当于解放初期的一个乡（V14，《村级规模调整后的思考》）。

在条件成熟时，村庄合并有诸多优势。一般认为，"村级规模调整是大势所趋，是进一步发展经济的必然产物"（V14，《村级规模调整后的思考》），村庄合并"有利于进行更好的资源分配"，改变"农村分散不能进行新农村建设"（C2，2007 年 4 月 10 日）的局面。但是，并村优势只有在一定条件下才能体现，其中最重要的是，"并村要有一个娘村"（C10，2007 年 5 月 23 日），即要有一个实力强大的村庄，以之为核心整合周边的小村。名列中国十大名村的 HY 村，其与周边 9 个行政村的合并，堪称 D 市并村运动的成功典型。HY 村这个"娘村"，以雄厚的实力整合新并入的村庄，优化了资源分配，提高了村庄新成员的福利，基本达到了"并村并心"的目标。

但是，在 D 市并村运动中，大多乡镇是"跑步撤村"，浮夸并村（C2，2007 年 4 月 10 日）。"村庄合并方向是没有错的，但重要的是，什么时候可以合并，应该合并到什么程度，不能急，不能过度"（C2，2007 年 4 月 10 日），要做到"成熟一个调整一个，调整一个巩固一个"（V14，《村级规模调整后的思考》）。在 D 市并村运动中，有些镇"三天就把村庄给并好了"，大部分乡镇"基本都在 7 天内就完成了并村工作"（C2，2007 年 4 月 10 日），可谓演绎了一场当代版的"大跃进"（C5，2008 年 4 月 30 日）。村庄虽然在形式上合并了，但"经济并不掉，财政并不掉，土地并不掉"（V13，2007 年 6 月 19 日），下属的自然村（原来的行政村）"仍各行其是，貌合神离"（C2，2007 年 4 月 10 日）。

D 市不少领导认为，村庄合并为华镇事件埋下了重要的伏笔（C1，2007 年 4 月 10 日；C2，2007 年 4 月 10 日；C4，《关于 D 市"4·10 事件"有关情况的汇报》）因为"黄奚村撤并六村合一，党支部和村委会相继选举后，大批老干部落选，村委只选二人"（C4，《关于 D 市"4·10 事件"有关情况的汇报》），且此二人均是通过抗毒反贪的选举动员而胜出的。

**选举动员**

村庄合并扩大了村庄规模，也改变了村委会选举的逻辑。传统中国村庄是一个熟人社会，村民之间的互动以亲缘关系和熟人关系为基础。在村委会选举中，参选村委会的候选人，一般依靠亲友关系就可以胜出，因为"在熟人社会中，大抵不需要进行竞选，也很少有拉票的空间"（贺雪峰 2000，页 68），"选票基本上都是定型的，我的亲戚，我的朋友，该选我的都会选我"（C13，2007年6月18日）。另外，因为村庄规模小，选民对候选人知根知底，"说实在的，也没有必要用什么选举口号之类的"（C13，2007年6月18日）。但是，并村造就的超级村庄，不再是熟人社会，而是一个"半熟人社会"（贺雪峰2000）。"半熟人社会"中的村委会选举，其游戏规则不同于熟人社会的选举。在超级村庄选举中，候选人仅仅依靠亲友关系网络一般不足以获得足够胜出的选票。为了争取关系疏远的村民和陌生村民的选票，候选人必须致力于选举宣传。正如C13所说："（村庄）合并以后，六个村，七八千人口，没有一点宣传的话，谁认识你啊？"（C13，2007年6月18日）

　　贿选是通用于传统小村和超级大村的选举动员模式。在规模较小的传统村庄里，因为选民较少，贿选的成本相对较低。但是村庄合并后，贿选成本被大幅提高（C20，2007年6月22日）。比如黄奚村约有8000人口，具有选民资格的村民约在6000人，要想过半胜出必须争取3000选票。除去传统人际关系所能网罗的，候选人需要通过选举动员去争取的选票一般在2000张以上。如果完全通过贿选的方式获得这2000余张选票，且每张选票以10元计算①，那么一位候选人要想在选举中胜出至少要付出2万元，这对普通农民来说绝对不是一笔小钱。所以，一般候选人往往不能承担这笔费用。当然对于那些经商办厂的人来说，这笔钱不在话下，所以，也确实有不少商人在选举中胜出（V14，《村级规模调整后的思考》）。但对于家境不富裕而又想当干部的农民来说，他们要想在村委会选举中胜出，必须采取其他的选举动员模式。

　　在大村选举中，以公共利益为取向的选举宣传是另一重要的选举动员模式。对那些不能或不想在选举中付出经济代价的候选人来说，宣传自己在解决公共问题上的主张是争取选票的通常做法。在华镇大村选举中，大部分候选人都提出了竞选承诺书，列出自己当

---

① 在浙江农村的村委会选举中，一张选票的价值通常远远高于10元。

选后将着重解决的公共问题。没有提出系统竞选承诺书的候选人，也会提一两句以公共利益为取向的宣传口号。事实上，即使那些能够承受贿选成本的候选人，也不会放弃以公共利益为取向的选举宣传动员，以确保获得足够的选票。

在有集体怨恨的大村中，以公共利益为取向的选举宣传是最重要的选举动员模式。首先，集体怨恨降低了贿选在大村选举中的作用。比如对黄奚村村民而言，"化工厂没有搞的时候，村里谁当村长都一样"（P10，2007 年 6 月 11 日），所以村民除了因人情关系而不得不投给某一候选人外，往往会把选票投给提供好处最多的参选者，因而贿选可以发挥较大的作用。但是，化工厂引入后所导致的问题以及潜在的利益，不但使村委会选举更加激烈（P4，2007 年 6 月 23 日；C20，2007 年 6 月 22 日），而且也改变了村民的选举偏好。小恩小惠的贿选作用降低，农民更加看重手中的选票，希望通过选举，将那些在村民受苦时却从化工厂得利的干部赶下台，同时把那些愿意解决污染问题的村民选上去（P4，2007 年 6 月 23 日），因为"反对化工厂的人，村民比较信任的，反对的人老百姓要优先选他们"（P10，2007 年 6 月 11 日）。所以，在有迫切的公共问题需要解决的超级村庄黄奚村，抗毒反贪无疑是最有力的竞选口号。在 2004 年年底的村委会选举中，那些即使能够承担贿选成本的候选人（如 V1），也是主要打着帮助村民解决环保问题参加竞选的。V1 在竞选传单中写道："王宅是以农业为主的大村庄，多数乡亲都以种田为生，相当一部分以种菜来改善自家生活和增加经济收入。现在，农田种的菜都死了，原来自家有的吃的菜都得向市场买，连年菜都没有。这使每家每户都增加不该有的开支，种菜户损失更大。目前，我若当选，这是应该全力解决的头等大事。其他将广泛听取乡亲们的呼声和民众的要求，尽我所能一件件努力去做到做好，绝不辜负王宅乡亲对我的信任和支持。"V1 通过反对化工厂的选举动员，最后高票当选黄奚总村村委会主任一职。V1 能在竞选中胜出还有另一原因，村民痛恨那些从化工厂得利的

"老干部"，希望选出不贪污且有公心的干部，而"当时老百姓当然相信他了，因为他当时自己也有钱，不会使用村里的钱"（P10，2007年6月11日）。村民为了将"老干部"选下台，还贴出了一张《告黄奚村民书》，"教导"村民不能将选票投给那些"老干部"："村主任候选人WYF：1）只看钱，不看后是属哪种人——贪官！2）在之前任五村村长时，他拿了化工园区的好处，真实是〔按：其实是〕残杀了黄奚村父老乡亲——刽子手！3）这次还想当选黄奚村的主任是尝透了当干部的甜头——官瘾难戒，所以WYF可以当选村主任吗——应该在选票上打'×'。"

72

### 联票参选

村民委员会成为黄奚农民抗争的动员平台，更直接地体现在那些曾经遭受以法控制的农民联合起来参选村委会职务上。2004年年底，在黄奚总村村委会选举中，6个村约有25个候选人出来参选，其中有4位是曾因"10·20事件"入狱的村民，另外积极上访的V11也加入了参选的队伍。P3说，"2004年的选举，坐过牢的基本都去参选了，（我们）觉得太冤了"（P3，2007年6月3日）。这五个人采取了一种新的竞选方式——联票参选。所谓联票参选，就是五位参选者在选举动员时互相为其他参选者拉票，因为对这五位参选者来说，"谁上去都可以"（V2，2007年6月17日）。这五位参选者是以十分明确的抗争口号开展选举动员的，P3说，"我们（想）当干部就是为了赶掉化工厂"（P3，2007年6月3日）。事实上，V1之所以选得上村委会主任，其实还在很大程度上是借助了这些联票参选的抗争者的力量，"P4、V2、V11、WHJ和我出来选村委，我们联票，后来V1知道我们影响可以的，他（就）过来找我们，（让我们）帮他拉票"（P3，2007年6月17日）。

这些曾经入狱的参选者之所以要联票参选，是因为他们认为村委会对他们的抗争有帮助。他们最直接的想法是，如果反对化工厂的村民当了村委会主任，他们至少可以在上访信中敲上村委会的公章（P3，2007年7月15日）。值得一提的是，村民拿到各级政府部门的上访信，除了有一个西村村委会的公章之外，其他密密麻麻的章，都是各个村老年协会的公章。盖老年协会的章实为无奈之举。上访代表V12说："我们那里开不出证明的，西村这里比较团结，我们那里呢，都是被政府控制掉的。王宅总村的书记，按我们的角度来说，他是根本不看我们群众的，是背叛人民的，他怎么肯给你开证明呢？唯一西村的群众干部是一致的，所以只有他们村可以开出来，其他任何一个村开不出来，不敢开。"（V12，2007年5月24日）信访部门也是比较认可村民委员会的公章的，比如黄奚村、黄扇村和西村三个村的四个村民曾去省环保局上访，最后在办理结果上只显示西村两个村民的名字，其中一位还因临时不能成行而不在上访现场。原因很简单，他们带去的上访信上有西村村委会的公章。西村村委会主任是因之前带领村民反抗村霸获得了声誉，后来在村委会选举中被村民推上去的，所以他能与村民站在同一战线上。

曾经遭受牢狱之苦的村民联票参选，这一事件本身已传递出强烈的抗争信号，但是地方政府却不能采取严厉的措施加以制止，因为"他们去选，也是符合程序的"（C20，2007年6月22日）。"10·20事件"给抗争者上了重要一课：抗争行为要在法律允许的范围内进行。那些联票参选的抗争者，聪明地利用了村委会选举民主性的一面，名正言顺地将他们的抗争意图融入选举过程中，通过村委会选举这一平台，合法地、安全地动员村民的抗争意愿，凝聚超级大村的抗争力量。

这些联票参选的抗争者，因为他们曾经为公共利益遭到地方政府的惩罚，获得了甘为公共利益牺牲的声誉，是黄奚的"有功之臣"。因而在黄奚村这个有集体怨恨的超级村庄里，他们更有可能获得足够的选票胜出。他们站出来参选，其他村民还主动帮他们拉选票。参加联票参选并胜出成为黄奚总村村委、黄奚五村村长的V2说，"我自己没怎么去搞"，"都是老百姓帮我搞的"，老百姓帮V2

73

拉票，主要是为了解决化工厂的问题，V2 承认"当时老百姓是这么想，我也是这么想的"（V2，2007 年 6 月 17 日）。

### 解构回应抗争的结构

虽然黄奚总村村委会选举过程具有抗争总动员的效果，同时也选出两位具有抗污意愿的村干部，但村委会在后来的直接抗争中并没有发挥多大的动员作用，承担这一工作的是下面要谈到的老年协会。但是，新成立的村委会却在一定程度上瓦解了地方政府应对集体抗争的动员结构。

74

首先，由于村庄规模扩大造成的选举难度，大大减少了能够过半胜出的候选人，地方政府在处理集体抗争时可资利用的村干部也相应地大幅减少。在村庄合并前，华镇原有村委委员 185 名，村庄合并后的第一次村委会选举，仅选出 72 名村委。其中两个超级大村的村委人数锐减，由 10 个行政村合并而成的黄凡村，原有村委 27 人，在并村后的选举中仅选出 3 人；黄奚村原有村委 17 人，重新选举后剩下 2 人（V14，《村级规模调整后的思考》）。村庄合并后，村支委人数也大幅减少，地方政府因而失去了很多原来伸展在农村的触角，剩余的几根还不听使唤。

其次，2004 年年底总村选举后，黄奚村出现了新老干部的矛盾。市领导 C4 在反思材料中写道："村级组织换届选举后，村的原班子成员绝大多数落选，而原村干部的反对派打着'反腐败'、'把企业赶出去'的竞选口号和纲领的人当选为村干部。另一派（老干部）又愤愤不平地说：'你们把企业赶出去，把村里腐败分子揪出来，我围绕黄奚村倒走三圈。'（这句话）扩大和加深（了）村干部之间、村民之间、各种派别之间的矛盾，使村内矛盾进一步加深。"（C4，《关于 D 市"4.10"事件有关情况的汇报》）镇领导 C13 甚至认为，选举不久后之所以出现搭棚抗争，是因为"干部的矛盾反映在那里……2004 年底上来的干部都是以环保人手的，但是一个村干部怎么可能把环保搞好？不可能吧？他也不好下台嘛，所以就搭一个棚在那里。另一派呢，也希望你搭个棚，让你被上面的领导处理。"（C13，2007 年 5 月 23 日）镇领导 C6 更直接地认为"新干部"就是农民搭棚闹事的背后支持者（C6，2007 年 6 月 23 日）。

最后，这些"新干部"因为当时的选举承诺，或因为本来就是为了选上来反对化工厂，在搭棚堵路抗争开始后，不可能积极响应地方政府的号召，和政府站在一起做反抗群众的思想工作。工作组成员普遍反映，"村干部对上级有一套，对闹事的人又一套，是中间派，同情派"（JHS，2005 年 4 月 2 日市工作组会议），"叫村干部去做工作很难，（六村的村干部）只能保证后天不走［指离开村庄］"（JGQ，2005 年 4 月 2 日市工作组会议），很多村干部做了几天工作就跑到外地去了，比如 V2，在农民搭棚初期，镇里让他拆了一次棚之后，他因受不了村民的指责很快离开了村庄。

总之，在华镇事件前，村庄合并后的总村选举，为凝聚原不同行政村的抗争力量提供了合法的动员平台。虽然合并后各自然村之间貌合神离，村并心不并。但村委会选举这一制度，为抗争者提供了在总村范围内进行抗毒反贪宣传与抗争共意动员的机会。虽然没有十分明显的证据表明，以抗争目标上台的"新干部"所组成的村委会在华镇农民搭棚抗争过程中起着动员结构的作用，但是，这些背负选举承诺的"新干部"，在一定程度上瓦解了地方政府应对华镇事件的动员结构。

## 老年协会：主导动员结构

不管在官方还是民间，几乎无人否认老年协会在华镇农民抗争中的作用。"老年协会是台前的总指挥"，华镇派出所的教导员明确指出（C17，2007 年 6 月 21 日）。镇干部 C22 也表达了相同的观点："老年协会起着冲锋陷阵的作用。"（C22，2007 年 6 月 22 日）"4·10 事件"前任黄奚五村党支部书记的 V3 认为，"'4·10'事件全是老年人的功劳"（V3，2007 年 6 月 23 日）。总之，"老年协会起主导作用"（V14，2007 年 5 月 31 日）。

### 组织动员

老年协会是上访活动的动员结构，协会成员是上访的主导力量。老年协会最初卷入抗争是在 2004 年 6 月。当时本想打行政官司的 P3 和 V2 等人，为了凑足北京 HC 律师事务所开出的 50 万元诉讼代理费，求助老年协会，希望协会能助其筹款成功。老年协会的骨干欣然应允，立即行动，挨家挨户募款。2004 年 7 月 13 日，华镇镇委和镇政府在提交给市里的一份题为《关于华镇黄奚五村集资上访基本情况》的报告中提到了这件事："他们准备集资 50 万元，用于上访和'10·20 事件'的平反。为此，他们挨家挨户上门集资，最少 5 元，上不封顶，现已集资 4 万—5 万元，而收款凭证中收款内容一项空白，只填金额数、出资人、收款人，收款凭证中还加盖了一枚擅自私刻的'华镇五村老年协会'公章（黄奚六个村老年协会只有一个合法的黄奚村老年协会，而无分村老年协会）〔按：原文所注〕。7 月 2 日和 6 日，由 V11（中共党员，是 1982 年辞退的民办教师，前任村会计，对土地租用情况一清二楚）〔按：原文所注〕牵头两次召集了黄奚五村部分老年人开会，主要是认为园区土地租用违法，并且反对征用。"黄奚五村老年协会"擅自私刻"的公章，是专门为抗争而备的，因为他们当时不能从村两委那里获得支持，不能在上访文书中加盖证明他们身份的公章。擅刻公章，实乃退而求其次之举。V10 时任黄奚五村老年协会会长，对刻章一事曾有顾忌，但 V11 在 2004 年 6 月 30 日的老协会议上"为 V10 分辩和鼓气，（说）五村老协印章没有事，（这是）300 多会员一致要求，黄奚总会也同意支持"（V11，2004 年 6 月 30 日日记）。从 V11 的日记可以看出，老年协会自为抗争筹款后，一发不可收拾，几乎每天有协会成员开展各种抗污活动，或开会商量，或上访求助，或问训村干部，或直接讨伐奸商。在抗争时期，老协会议几乎天天有，有时一天好几次，会议内容包括：宣讲法律、读报分享、讨论为官道德、选派上访人员和确定行动策略等。参会人员从几十人到500人不等，以老年人为主体，但包括其他村民，有时邻村（如黄扇村）也派人参加。上访人员也主要以老年人为主。当时上访最积极的P1说："我是老年大学的组长，他们把材料拿给我看后，我说我们一定要下定决心把化工厂赶掉。"（P1，2007年6月8日）在搭棚堵路抗争前的几次百人上访，基本上是老年协会组织成员去的，确定人员、时间、上访地点、包几辆车，一般都是在老协会议上讨论通过的。

老年协会是搭棚抗争的主导动员结构。首先，老年协会安排老人值班。在华镇事件中，老年人到竹棚内静坐是十分有序的。"搭棚他们都是（有）分配的，今天你值班，明天他值班"（V14，2007年5月31日），是"老年协会安排人轮流看棚的"（P4，2007年6月23日）。"老年协会一户一户上门去叫，去做工作，说我们是为子孙后代，为了我们的土地，我们一定要把这些有毒的化工厂赶出去。他们到每家每户去做工作，（说）我们（要）排起（班）来，今天谁谁谁值班，明天谁谁谁值班。"（C17，2007年6月21日）所以，"老年协会起到沟通的作用"，而且"现在通知也比较方便，一个电话就可以了"（V3，2007年6月23日）。

老年协会给值班老人发放工资，提供后勤保障。华镇事件的搭棚抗争之所以能维系两个月之久，一个重要的原因是老年协会给在抗争竹棚内值班的老人发工资，老人值一晚班可获得5块钱（P4，2007年6月23日；C17，2007年6月21日）。镇干部C20认为，老人去棚内静坐，起初是出于反污染的动机，但是"有钱了就更要去了"（C20，2007年6月20日）。发工资的钱，是通过捐助筹来的，"老年协会在搭棚的地方放了一个募捐箱。村里稍微有钱一点的人，（老年协会去向他们要钱，说）你们钱拿一点来啊，我们老年人这么辛苦，买点水果你们总该出点钱的"（C17，2007年6月21日）。来参观抗争的Y市人往往解囊相助，且出手大方，一来 Y 市人有钱；二来华镇的化工厂污染了 Y 市的水源，他们也希望华镇村民能够获得抗争的成功。募捐来的钱，由二村的 WRF 专人保管（P4，2007 年 6 月 23 日）。正因为去棚内静坐有工资，还可以享受相应的后勤服务，所以有些镇干部十分嘲讽地说："这个棚为什么能长期生存下去呢？因为在里面每天晚上有 5 块钱，而且吃得很好的。那个地方是很穷的，有些老太太活了一辈子，也没有吃过方便面，也没有喝过那么好的饮料，所以他们住在里面是很高兴的，他们把那里当作一个敬老院，棚里面成了一个老年活动中心。"（C7，2007 年 7 月 17 日）C16 也同样嘲笑道："他们好像自己很伟大，在那里，每天有人送东西吃，有人伺奉他们，有人给他们钱，特别是 Y 市的老板，这个给 300，那个给 500，那个给 1000，都说好，不错。老太婆在家里没有事情，在那里都说他们好，又有钱。那里又有一百多人，很多人聊天。"（C16，2007 年 6 月 20 日）所以，"老百姓也是感兴趣去的"（V14，2007 年 5 月 31 日）。

老年协会对不遵从的老人施加了压力。那些不愿意到竹棚内静坐的老年人，会受到来自老年协会和朋辈群体的压力（peer pressure）。搭棚堵路抗争开始不久，D 市政府就派出大量工作组成员进村入户做思想工作。有些老年人可能因为家里有人在政府部门供职，或者被工作组成员做通了思想工作，反抗意识被消解了，但很多人依然要到棚里去值班。镇干部 C17 说："听到哪个老人轮到他值班了，我们要去做工作，劝他们不要去，告诉他们政府已经在解决这个事情了。那些老年人就说，'不行啦，轮到我不去，我以后在老年协会坐着打麻将，人家都要骂我是叛徒的，我去是要去的，但其他事情是不会做的，话是不会讲的，轮到我值班了，我去总要去一下，坐一下是要的。我不去的话，老年人开会我要被他们骂，被他们孤立，那些骨干一点的就会说，你这个叛徒，你不是这里的子孙，村里有这样的事情你都不来，啊？这些化工厂你不给它赶掉？'"（C17，2007 年 6 月 21 日）所以，守棚虽然是以自愿为原则的，但"今天轮到你值班就必须来"（V4，2007 年 4 月 13 日），"不去怎么处理，都是有规定的"（V14，2007 年 5 月 31 日）。

　　老年协会协调各个村庄的抗争。在华镇事件中，主力抗争村庄内的老年协会是主要的动员结构，这些老年协会不仅通过 McAdam〔1988〕所说的"微观动员"（micromobilization）鼓动本村村民的抗争参与，而且通过 Gerhards 和 Rucht（1992）提出的"中观动员"（mesomobilization）招募其他村庄村民。主力抗争村庄的老年协会并不是一对一地直接去动员其他村庄的村民，而是通过联系目标村庄内的老年协会，然后由其再进行微观动员。也就是说，主力抗争村的老年协会是通过 Oberschall（1973，p. 125）所说的"整群招募"（bloc recruitment）扩大动员规模的。比如黄奚村、黄扇村和西村的老年协会自上访就有了密切的联系和合作（V12、V13，2007 年 5 月 27 日）。镇干部 C21 说："我联系的 NF 村没有老年协会就没有人去搭棚。都是老年协会负责的，村委会、书记都是不会去搞的。"（C21，2007 年 6 月 26 日）后来老年人发现了一个更为便捷安全的"中观动员"方法，即只要某一村庄有一个村民敢站出来搭棚就可以了，主力村庄的老人们会协助这个村民搭好棚，然后挂上这个村民所在村庄的名义。这样这个棚就成为一个突生的抗争平台和动员结构（D'Arcus 2003），不同村庄的老人到了现场就像有了组织一样。

**能力、自主性与组织包容性**

　　老年协会为什么可以成为华镇农民抗争的主导动员结构、成为台前的总指挥呢？我认为主要有两个原因：（1）较高的组织能力和组织自主性是老年协会能够成为抗争动员结构的基础；（2）老年协会的组织包容性是其能够降低组织化动员风险的重要原因（参见邓燕华、阮横俯 2008）。

　　老年协会是实力最强的村级内生性组织。这主要有两个原因：首先，华镇的老年协会大部分是由退休干部赋闲在家后建立的

（V13，2007 年 6 月 19 日），这些退休干部有威信，有头脑，思想比较清晰（C17，2007 年 6 月 21 日），且有一定的群众基础（C18，2007 年 6 月 23 日）。老年协会的会长一般是由这些退休干部担任的，这些退休干部的能力与权威是老年协会组织力量的来源之一。其次，华镇的老年协会大部分都有稳定的经济来源（C17，2007 年 6 月 21 日；C25，2005 年 4 月 15 日；V4，2007 年 4 月 13 日）。1996 年通过的《中华人民共和国老年人权益保障法》第 22 条规定，"农村除根据情况建立养老保险制度外，有条件的还可以将未承包的集体所有的部分土地、山林、水面、滩涂等作为养老基地，收益供老年人养老。"华镇各行政村根据自己的情况，为老年协会提供了收益来源，如黄奕村和黄凡村老年总会主要依靠出租菜市场的摊位获得组织运作的资金。黄奕村老年总会通过出租市场摊位每年约有 13 万元的收入，除每年交纳城管卫生费 7000 元和市场所在村两万元外，其他归老年协会自主支配（V10，2005 年 4 月 16 日；V4，2007 年 4 月 13 日）。西村是华镇事件的主力抗争村之一，该村老年协会的经济来源主要包括村内 12 口水塘的承包费、企业赞助费和会员会费（V13，2007 年 4 月 25 日）。正因为老年协会有一定的经济来源，所以可以为其会员甚至整个村庄提供一定的福利。黄奕老年总会相比其他老年协会，经济实力相对雄厚。协会有一座三层楼的活动中心，中心内设各种娱乐设施，如电视机、麻将桌、桥牌桌等，协会还办有老年学习小组，老年人可以一起读书看报，议论时事。总会每年春季组织老人旅游一次，逢年过节还给会员发放礼物，如中秋节发一盒月饼、重阳节发食用油 1 瓶等。协会每年要组织评选好儿子、好媳妇、好婆婆的活动，还要给那些荣誉获得者举行佩戴红花仪式。会员生病时，协会会派会员前去探望。遇有老人去世，协会出面组织送葬队伍，并送花圈凭吊。黄奕村老年总会每年还要拿出两万元左右，请戏班来村里做三天四夜的戏，庆祝王宅祖宗的生日。这些福利，对那些有较好福利待遇的城市老年人来说可能不足挂齿，但在国家福利供给功能基本缺失的农村社会，老年协会提供的物质与精神福利，却是村内老年人生活的重要支持。老年协会的权威和福利供给能力，是它在华镇事件中能够动员老人参与抗争、对不遵从老人施加压力的基础。

老年协会能够成为华镇农民抗争的动员结构，还与其相对的自主性关系密切。同传统的群众组织（如妇代会、共青团、治保会）相比，华镇的老年协会在政治上具有较大的自主性，这除了与其经济上的独立性密切相关外，还与地方政府对老年协会的疏于管理有关。市领导 C4 认为，"老年协会来自方方面面的人"，"当时的政策和引导不足，他们自己管理自己"，而"妇代会、共青团是作为党委的一个部门在管的"，对老年协会没有"跟管理党和团那样的力度去管"（C4，2007 年 7 月 22 日）。另外，根据《浙江省基层老年协会组织通则》，村支部和村委会是直接管理老年协会的组织，但"村干部在村里没有威信，也不办事情，不做正经的事情，办事情办得不公"（C17，2007 年 6 月 21 日），很难约束由享有威望的退休干部所建立的老年协会。更何况，村委会甚至党支部可能和老年协会联合起来，共同对抗外来的不法侵害。再者，走入暮年的老年协会领导人，既不会像妇代会、共青团、治保会这些"配套组织"的负责人那样，顾忌前途，期待提拔，也不同于由商业性成员所组成的社团组织那样，需要政府的支持以寻求更大的发展空间。具有一定经济能力且一般无远大发展目标的老年协会领袖，通常不会积极地、目的明确地寻求嵌入政府部门，以期获得更大的发展。基于以上原因，老年协会在政治上拥有了较高的自主性，这是老年协会能比较没有政治牵绊地充任华镇农民抗争动员结构的另一重要原因。

老年协会具有成为抗争动员结构的能力是一回事，实际能起到动员结构作用是另一回事。事实上，在 2004 年 6 月农民上访之初，地方政府已十分明确地认定老年协会是抗争活动的动员组织，而且老年协会在搭棚抗争前密集的组织活动早让地方政府焦虑不安。"2004 年 9 月 6 日，华镇领导班子就防范五村老年协会骨干分子

V11 等不断上访做过研究"（C7 工作日志）。2005 年 3 月 4 日在 D 市 WZ 大酒店召开的桃源工业园区座谈会上，C7 也汇报了老年协会骨干领头上访的问题。在那次会议上，一直被黄奚老年协会奉为救星①的 D 市人大副主任 J 提议："村一级（将）不设立老年协会，由镇一级设立老年协会，要收取村老年协会公章，在村一级设立老年协会活动场所（取消自然村的活动场所）。"2005 年 3 月 9 日下午，镇领导 C9 在市政府召开的环保会议上对市里领导说："老年协会上访的人，只做工作是不能解决问题的，是否可以处理一下。"到了搭棚抗争，老年协会更是直接被认为是台前的总指挥（C17，2007 年 6 月 21 日）。工作组成员下去做工作时，都清楚地感到村民"组织是严密的"（CSL，4 月 3 日工作组成员会议）、抗争是经过"长期组织策划"的（YYJ，4 月 3 日工作组成员会议）、农民的"组织性十分明显"（《3 月 24 日以来华镇黄奚村部分村民在桃源工业功能区拦路情况的处理汇报》）。华镇镇干部 C21 说："老年协会是领导，虽然老百姓说是自发的，但是没有领导不会那么有组织的。比如我们村有二十多个生产小组，今天是这两个小组去值班，明天是那两个小组去。如果没有组织，为什么这些人不会同一天去呢，所以说肯定是有组织的，怎么可能没有组织的，没有组织他们怎么可能搞这么好呢？"（C21，2007 年 6 月 26 日）

那么，老年协会为什么在官方高度关注下还可以"组织性十分明显"地动员抗争呢？我认为，组织包容性（参照 Tsai 2007，p. 356）为老年协会降低组织化动员风险提供了基础。这里所谓的组织包容性，是指老年协会向村内所有老人开放，并基本上将村内所有老人括入协会的组织架构。华镇老年协会因其供给的福利，吸

---

① 根据 2004 年 8 月 15 日 V11 日记的记载，当时老年协会成员去找在 D 市官场颇具影响的 J 时，他当时说了一通让老年协会的骨干十分欣慰的话："公安局曾向他反映，五村老年协会刻章筹款一事，要采取措施。（他当时）明确指责是你公安局工作不做好，村民要求生存，为能筹款上访，这本身没有错。还说以后如公安局捕人，可直接把情况告诉他。"

引了大量老年人入会，"整个镇有 8100 多老年人，基本上都入会了"（C25，2005 年 4 月 15 日），"（黄奚村）村里的老年人，除了个别的几个，基本上都参加了老年协会"（V4，2007 年 4 月 13 日）。华镇事件前，黄奚老年总会大约有 1600 多会员，甚至还吸引了邻村（如黄扇村）老年人的加入。因而，老年协会对老年群体具有高度的包容性，也就是说老年人群体的边界与老年协会组织的边界基本是重合的。群体边界和组织边界的重合，也模糊了老年人抗争参与的组织性和个体性。组织化抗争中的老年人总是可以声称是自发来的，而不是老年协会动员他们来的。在"4·10 事件"后，搭棚现场贴了大量署名"老年"的大字报，这既可以被解释为老年协会的行动，也可以被看作老年群体某一个人的行为。地方政府不能根据这样的信息，直接惩罚老年协会的骨干，但对于抗争中的老年人来说，老年协会一直在起作用（V12，2007 年 5 月 27 日）。

## 空间：辅助动员结构

华镇事件虽然是以老年人为主体的抗争，但是年纪较轻者也并非袖手旁观、置身度外。事实上，华镇农民的抗争包含两股抗争力量：一是搭棚堵路抗争中的老人；另一是村内与抗争老人近相呼应的村民。因地理上的邻近，村内农民与搭棚现场的老人实际上构成了一种潜在的共同在场（copresence）（Sewell 2001，pp. 57 - 59）。潜在共同在场的村民可被迅速地动员到抗争现场，以身体共同在场的方式增强前线老人的抗争力量。

在集体行动中，当组织的领导者意识到空间环境的动员潜力时，会开发相应的策略，利用有利的空间，补充组织动员的不足，从而获得动员效果的最大化（Zhao 2009，p. 126）。在华镇事件中，搭棚现场的老年人也充分利用了以空间为基础的动员策略。具体做法是：当搭棚现场发生紧急情况时，如地方政府官员有拆棚举动，

83

搭棚现场的老人立即鸣放鞭炮或击打脸盆，向村内的村民发出求助信号。听到鞭炮声的村民则迅速赶往现场，通过身体共同在场的方式，声援抗争中的老人，显示村民的抗争是"有力量的、团结的、人数众多的、意志坚定的"（Tilly 1998）①。可以说，以空间为基础的动员是将潜在共同在场的村民转化成身体共同在场的抗争力量的机制，是老年协会组织动员的一个延伸和补充。

以空间为基础的抗争性聚合（contentious gathering, Tilly 1995, p. 32），既有一定的合作性，又反映很强的自发性和弹性，可以称之为合作性的自发聚合（cooperative spontaneous gathering）②。地方政府当时在搭棚现场的线人 V6，对现场人数变化有详细的记录，例如 4 月 4 日现场人数的变化是：上午 7 点，现场有 200 人左右，放了鞭炮后，10 点 40 分有 800 多人，10 点 55 分减少到 500 多人，11 点 05 分在 200 人以下，棚内有 50 多人。12 点 30 分，现场又升到 400 多人，到 1 点钟，人数增至 600 人；再如，4 月 8 日搭棚现场人数的变化为：早上 6 点钟，人数在 400 左右，7 点 10 分放过鞭炮后，人数逐步增加，9 点 40 分人数达到 8000 以上，多的时候已上万。V6 的记录充分反映了合作性自发聚合的灵活与快捷。

搭棚区本身就是一个动员结构。地方政府当时急于拆棚，是"因为棚搭在那里人散不掉"（C17，2007 年 6 月 21 日），"很多人来参观，Y 市的人都来看，N 市的人也过来看棚。（搭棚的地方）烤小吃的都有了，卖饼的，烤羊肉串的。村民吃完饭，都要往搭棚的地方去走走看看。本来黄奚村人口就多，晚上都要有好几千人"（C23，2007 年 6 月 27 日）。我们从 V6 关于现场人数变化的记录也可以看出，一到中午休息的时间，搭棚现场的人数就增加不少。搭

---

① 即 Tilly 的 WUNC 原则。

② 这里所说的合作性的自发聚合与 Opp 和 Gern（1993）提出的自发性的合作（spontaneous cooperation）不同，前者更强调合作性和组织性，但聚合时间是不确定的；而自发性的合作主要是通过例常性定时定点的集体活动（如"周一祷告"）克服集体行动协调的困境。

棚现场成为村民茶余饭后的去所，"到棚区走走"既成了村民的娱乐方式，也是对抗争老人的一种支持。

　　以空间为基础的动员很有效果。V8说："年轻人听到鞭炮声也去了，他们知道自己的爸爸妈妈也在那里，看看会不会吃亏。竹棚那里放了鞭炮，离得近的家里听到了，也放了鞭炮，这样远一点的家里的人也听到了，也跟着放了起来，很快整个村子的人都赶到工业园区，人多他们不敢抓，抓谁呢？"（V8，2007年4月22日）镇干部C30说："（我们）要去拆棚，后来他们想出办法，放炮，发出信号，（在村里的）人就来了，我们肯定要走了，我们人少。"（C30，2007年6月17日）工作组的有些成员后来甚至一听到鞭炮声就害怕，因为鞭炮一响"老百姓要到那个棚里去了，他们开始行动，我们就有工作了"（C15，2007年5月31日）。2005年4月10日凌晨，地方政府在强制拆棚前，还用"狼来了"的方式放了几次鞭炮，企图降低村民对鞭炮的警觉性。

# 小　结

　　在华镇事件中，村民委员会、老年协会以及搭棚区这一空间是农民抗争的主要动员结构。这三种动员机制的协调效果是华镇搭棚抗争获得广泛动员的原因。

　　村民委员会之所以成为合法的动员平台，是因为村委会选举这一制度为抗争总动员提供了机会。地方政府本希望通过村庄合并加强对农村的管理，但这一实践却导致一些村庄的失控。并村运动造就了黄奚村这样的超级大村，村庄规模的扩大改变了村委会选举的逻辑。以公共利益为导向的选举宣传，成为大多候选人竞争选票时共同采取的策略。在有集体怨恨的大村，抗争宣传是最有力的选举动员手段。大部分候选人，无论有无抗争意图，都在有意无意地进行抗争宣传。无论是抗争代表的有意宣传，还是其他候选人的借题发挥，他们的选举动员在客观上都成了抗争总动员。在黄奚村的村委会选举中，抗争代表还采取了联票参选的方式，联合起来在全村范围内进行抗争宣传。他们通过将抗争议程嵌入村委会选举这一合法的程序，降低了组织化抗争动员的风险。

老年协会是华镇农民抗争的主导动员结构。特别是在搭棚抗争中，老年协会起着主导动员作用，是台前的总指挥。在华镇事件中，老年协会安排老人到棚里值班，给值班老人发放工资，对不遵从的老人施加压力，以及协调各个村庄的抗争活动。老年协会之所以能够成为华镇农民抗争的主导动员结构，是因为老年协会一方面是实力最强的村级内生性组织，有稳定的经济来源，可以给老年会员提供福利，因而具有动员老年人的能力；另一方面，地方政府对老年协会一直疏于管理，有一定经济实力的老年协会逐渐发展成拥有较高自主性的组织。老年协会能够尽可能地规避组织化动员的风险，是因为老年协会组织的包容性模糊了老年人抗争参与的个体性和组织性的边界。

搭棚区成为突生的抗争动员结构，是老年协会组织动员的一个补充。在华镇事件中，竹棚成为一个类组织的抗争结构，搭棚区成了抗争基地。老年人通过燃放鞭炮，将潜在共同在场的村民动员成身体共同在场的抗争力量。在搭棚抗争的两个月里，搭棚区成为村民茶余饭后的去所，去搭棚区"散步"的村民，既是老年人抗争表演的观众，也是一股随时可被动员到抗争中的力量（这点我将在下一章进一步分析）。

总之，嵌入村民委员会选举过程的抗污总动员、老年协会针对老年群体的专门动员以及以空间为基础的灵活动员，使华镇抗争既拥有面上的强大支持，又具有点上的突破力量。三种动员机制的协同作用，是华镇抗争获得广泛动员的主要原因。

# 第四章　抗争表演与景观效果

如果对集体抗争的发生而言，怨恨是推力，机会是引力，组织是助力，那么抗争过程则彰显的是综合实力。要将各方力量汇成合力，则需要抗争技艺，而表演是其中之一。

政治是表演的艺术（Arendt 1965，p. 153）。表演作为一种象征性政治（symbolic politics），可通过规范性的和情感性的呈现改变政治力量关系（Brysk 1995，p. 561），因为政治力量不是一个群体本身的属性，而是一种关系性存在（Burstein et al. 1995；Emerson 1962），"力量不仅是你所拥有的，也是对手认为你所拥有的"（Alinsky 1971，p. 127）。所以，力量不仅反映客观实力，亦有主观建构之功（Benford and Hunt 1992，p. 37）。

集体抗争更需要表演，抗争就是一出社会剧（social drama）（McFarland 2004），处于相对弱势的抗争群体需要通过表演以增强力量。在民主国家，抗争能否成功，取决于相关公众（reference public）被动员到抗争中的情况（Lipsky 1968）。因而，运动组织者为了争取更多的观众，往往通过戏剧化的表演以吸引媒体的关注（Olien and Donohue 1989，p. 151，Gamson and Wolfsfeld 1993；McAdam 2000），获得"个性化的荣誉"（idiosyncrasy credit）（Snow 1979）。

关于抗争表演，McAdam（2000）认为民主国家中的社会运动比非民主国家的更有机会进行策略性的戏剧表演（strategic dramaturgy）。民主统治基于共识之上，暴力的使用会降低政权的合法性。运动者往往采取适度激进（moderate extremism）的策略，"引诱"民主政府作出非民主的反应，从而获得道德资本和政治资本。相对自由的媒体，是策略性抗争表演的主要消费者和传播者，媒体对政府所做的非民主反应的报道，将更多相关公众推向社会运动一方。最后，政府为了维持民主的外表（democratic appearance），往往被迫作出有利于运动者的妥协。所以，在 McAdam 看来，民主政府的合法化意识形态（legitimating ideology）为社会运动创造的"框释机会"（framing opportunities），是运动者手中强有力的戏剧化武器（dramaturgic weapon）。McAdam 还认为，非民主国家的抗争者虽然可以在观念上形成抗争框释，"但是，他们绝对不能做的，是前面提到的公开策略性戏剧表演。简单地说，民主政体中的运动所拥有的独特框释机会，通常是行动机会（action opportunities）（p. 118）"。

88

McAdam 下此结论主要基于如下两个理由：（1）非民主国家的合法性不那么依赖于公众的支持，政府可以更自由地控制抗争，抗争者也往往采取极端的反抗形式，而不是开展适度激进的戏剧化表演；（2）非民主国家没有戏剧性抗争表演的关键消费者——相对自由的媒体。

华镇事件却挑战了 McAdam 的观点。根据他的观点，中国缺乏抗争的行动机会，但是华镇农民却维持搭棚抗争两个月之久。在此过程中，农民根据情势编导并表演了各种抗争剧目，如求清官、扰官员、咒酷吏、惩奸商、抓叛徒、兴舆论、鼓民心以及日常化表演等。中国没有很多消费抗争的媒体，但华镇农民的抗争却吸引了成千上万的游客前来参观与助威。地方政府在多方压力下，最后作出了彻底的妥协——关闭化工园。我们应该如何解释这些现象呢？

本章认为，在声称民本的权威国家中，抗争者拥有类似于西方民主国家的"行动机会"。具有特殊群体机会的老人（参见第二章）采取了适度激进的策略性戏剧表演，在政府作出强力回应后，抗争群体同样可获得道德与政治资本。权威国家的抗争者虽然缺乏话语机会（Koopmans and Olzak 2004），但是，抗争景观却能起到替代性媒体（alternative media）的作用，对农民的抗争表演进行直播，向相关公众提供见证政府不当行动的空间，解构官方对事件的建构。事实上，官方媒体所作的轻描淡写、避重就轻式的报道，同样起到动员相关公众的作用。因为大量临近抗争地的公众，或因不信地方政府的报道，或仅为了看热闹，特地前往调查或参观抗争景观。在现场的公众为抗争景观所震惊，被抗争群众所感染，并慷慨地给予喝彩、同情与资助；而远距离的公众，由于对威权国家所抱持的刻板印象，通常作出有利于抗争者的想象。抗争景观的展示效果，以及地方政府对抗争区的失控，导致了具有狂欢色彩的反抗。大量公众的支持与狂欢造成的混乱，促发了高层的介入。为了维护"民本"形象，地方政府被迫作出了彻底的妥协。

## 抗争舞台

搭棚现场是华镇农民最主要的抗争舞台。在整个华镇事件中，前后参与搭棚抗争的村庄达 22 个，竹棚最多时有近 30 顶①。在这些竹棚里面，一般搭有临时的铺盖，摆有桌椅等简单设施，一些竹棚外还设有捐款箱。此外，竹棚还悬有具政治意涵的符号，如 D 市国土资源局制作的红色宣传牌——"保护耕地就是保护我们的生命线"。"4·10 事件"发生后，竹棚表面上挂着更多具有政治意义的符号，如地方政府强制拆棚时留下的警服、警棍、头盔、盾牌、刀具、红袖章、催泪弹筒等。搭棚现场附近的墙面是宣传阵地，农民的传单、标语、大小字报遍贴其上，是抗争舞台的组成部分。

竹棚之所以成抗争舞台，与地方政府赋予它强烈政治意涵有

---

① 主力抗争村庄往往不只搭一个竹棚。

关。竹棚被地方政府视为对其权威的挑战，如华镇一镇干部说："棚这种东西，从性质上来讲，它取代了党的领导，取代党组织，我们内部开会都这么讲的。……棚的号召力这么大，党的号召力在哪里啊？你这里搭一个棚，就世界关注了。所以啊，一个棚就像战场一样的。这不是谁这样说，市里的领导都这么说的，不允许多一个棚。搭一个棚就很关注了，今天一个棚，明天一个棚，听到一、二、三、四、五、六、七，这可不是好事情。"（C16，2007 年 6 月 20 日）在"4·10 事件"前，镇领导承受着巨大的心理压力，因市政府下令"棚不能再多了，哪个村棚再多一个，就追究领导的责任"（C7，2007 年 7 月 17 日）。可以说，政府对搭棚区这一游击舞台（guerrilla theatre）（D'Arcus 2003，p. 424）的形成，起了很大的促进作用。

正因竹棚被赋予很强的政治意义，所以竹棚不仅成了抗争舞台，同时也是抗争力量的象征。在政府和观众看来，一个竹棚的抗争意义，不仅来自身在其间的白发苍苍老者，更在于它是以整个村庄的名义同政府对峙。"有时候你一个人去搭，就代表一个村了，"一个镇干部说，"你是一村的，这个棚就是一村的，（其实）并不是村里叫你去搭的。后来就变成这样，一个人就可以代表一个村。"（C24，2007 年 6 月 13 日）最后甚至到了"只要外村中有一个人同意，黄奚这边就会有人主动把棚搭好，然后挂上这个村的名义。"（《D 市华镇"4·10 事件"工作进展情况》）政府发现该问题后，就在致村民的公开信中反复强调："只经个别人同意在现场搭起的竹棚不能代表整个村。黄奚群众要求政府搞好环保问题，我们是大力支持的。但是有关人员到一个村里随便找个人，经这个人同意，就在现场搭好竹棚，然后挂上这个村的名义，对这种做法我们是表示反对的，对这样搭起来的棚也是不予承认的，毕竟一个人或是几个人并不能代表整个村。"有意思的是，"4·10 事件"后，政府还曾打算以官方的名义，搭一个舒适的大棚（V14，2007 年 6 月 2 日），企图以此体现政府对抗争老人的关怀，缓和"4·10事件"以来形成的紧张关系；同时，在政府官员看来，以政府名义搭棚可淡化竹棚的抗争色彩，用一大棚取代很多小棚，也可显示抗争力量的衰弱。当然，这个几近荒谬的想法最后没有付诸实施。

## 抗争表演

活跃在抗争舞台上的主要演员是老年人。我在前文多处提到，老年人之所以成为华镇抗争的主角，是因为老年人的脆弱性可降低地方政府强制力的发挥效果，还因为老年人可以使用更多弱者的武器。华镇农民根据情势编导了各种抗争剧目，其中主要有求清官、扰官员、咒酷吏、惩奸商、抓叛徒、兴舆论、鼓民心以及日常化表演等。在这些表演中，老年人经常借助传统的仪式与特定的符号，丰富抗争表演，获得抗争力量。

从总体上看，华镇农民在表演这些剧目时，采取了 McAdam（2000）所谓的适度激进的戏剧化表演策略。特别是在"4·10事件"发生前，抗争者通过戏剧化的行为，主要展示的是他们的顺从，如求清官和扰官员的抗争剧目，老年人是以扰乱的方式展示他们的谦卑与乞求，官方对这一阶段农民抗争行为的评价也是"行为不过激，行为不过分"（《3月24日以来华镇黄奚村部分村民在桃源工业功能区拦路情况的处理汇报》）。但是地方政府终没有足够的耐心与农民打这场"持久战"，农民温和而持续的抗争表演，引来了政府的暴力，发生了"4·10事件"。"4·10事件"作为"关键事件"（参见 Sewell 1996；Yang 2005a），改变了农民抗争表演的总体基调。"4·10行动"这一失败的过度暴力控制，给农民提供了道德资本，使农民站上了道德高地，同时也激化了农民的抗争行为。在其后的抗争表演中，华镇农民对官员不再谦卑乞求，而是冷眼以对、恶毒诅咒；他们在行为上也不再是温和约束，而开始偶尔援引暴力。

### 日常化

所谓日常化表演，是指抗争者在抗争舞台上通过从事日常活动，以此展现他们的抗争决心，是一种不是表演的表演。正如 Missingham（2002，p. 1647）所描述的泰国穷人村的抗争那样："示威持续了三个多月之久，在穷人村里，抗争的符号与象征，惊人地同村民的日常家庭生活结合在一起。在大街小巷上，即使看起来简单私密的行为（如吃饭、洗澡、睡觉），都有了象征意义，因为这些

行为展示了抗争者坚持反抗国家不平等发展的决心。"华镇农民坚持两个月之久的搭棚抗争，也借助了日常化表演的力量。老年人扎了遮风挡雨的竹棚，搭了简易的床铺，"在棚里拉家常"（C30，2007 年 6 月 17 日）、吃饭、守夜，"棚里成了一个老年活动中心"（C7，2007 年 7 月 17 日）。抗争没几天，搭棚现场就出现了小买卖，"卖饼的，烤羊肉串的"（C23，2007 年 6 月 27 日），"相应的服务都出来了"（YYJ，2005 年 4 月 3 日晚上工作组会议）。华镇老年人这些日常化表演，在"4·10 事件"前起到磨尽地方政府耐心的作用，而在事件后成为迫使地方政府妥协的最朴素的武器。

### 求清官

"求清官"是"4·10 事件"前最重要的抗争剧目，农民通过这一剧目表达他们的悲情与乞求。所谓求清官，并不是说抗争者所求对象是清官，而是抗争者恳求官员做清官，帮助他们脱离污染苦海。这一抗争剧目的具体表演程序如下：遇有工作组成员到棚区做思想工作时，老人（特别是老年妇女）马上点燃香火，跪在地上，对着政府官员就拜，口里念念有词："求求你们，救救我们"。有些老年妇女甚至穿上丧礼用的白衣，戴上白帽，加入跪拜队伍。拜完之后，有时就在工作组成员开来的公务车上垒块泥巴，将香火插于其上（P15，2007 年 5 月 24 日），还可能贴上白纸条（V4，2007 年 4 月 13 日）。在 2005 年 4 月 5 日早上 9 点的工作组会议上，

市领导 C4 提道："（棚）里面的老人（在）戴孝，有人进去就拜，而且（成）一排。"

葬礼仪式经常被反抗者用到抗争实践中（Weller and Hsiao 1998，pp. 1001 - 1002；Jing 2000），是一种标准化的、可重复的符号化行动（Kertzer 1988，p. 9）。抗争者"通过仪式化行动，将内里的变成外显的，将主观世界图景转为客观世界现实"（Nieburg 1973，p. 30）。通过葬礼仪式，抗争者表达了他们的悲情，展示了斗争到底直至牺牲的决心（Jing 2000，p. 156）。尤其值得注意的是，抗争者利用仪式符号的多义性（polysemy）和含糊性（Lewis 1980，p. 9；Kertzer 1988，p. 11；Szerszynski 1999；Pfaff and Yang 2001，p. 554），用合情的仪式外表，掩饰抗争的意图和愤怒的内心。他们借着仪式，既获得了符号的力量，又保障了自身的安全。

华镇老人在"求清官"的跪拜表演中，也利用仪式的多义性达到了抗争的目的。老百姓和官员对烧香跪拜求清官的表演，有着不同的文化解译。按老百姓的解释，他们的跪拜，表达着这层意思："我们这么受灾难，你们要伸伸手，做点事情。拜是求的意思。"（V1，2007 年 6 月 3 日）但在政府官员看来，"他们拜有两个意思：表面上看是求求你们，帮我们把这个事情解决掉，把你当作佛一样的，因为你是从上面来的；从某种意义上，按照我们这里的规矩，老太婆跪下来拜你，你是要折寿的。你受不起的，你年纪轻的人，怎么好受年纪大的人的拜呢？在农村里，你这样拜，人家要打你的"（C17，2007 年 6 月 21 日）。还有人认为，"他们嘴里说着'求求你们，救救我们'，但意思是，你不让我们搭棚，就拜拜你们，让你们早点死。拜你，有诅咒你的意思，在农村里应该说是比较恶毒的方式"（C20，2007 年 6 月 20 日）。但这种跪拜表演，虽然具有"过分"的文化意涵，但在政治上却并不过激，所以地方政府才会下"群众有组织进行，行为不过激，行为不过分"的结论。但这一烧香跪拜求清官的表演却很有效果，工作组成员称之"十分影响心情"（C20，2007年6月20日），直至后来"大家就不敢去了"（V1，2007年6月3日），搭棚区成了工作组成员的心棚。

### 扰官员

"扰官员"也主要是在"4·10事件"前表演的剧目。农民的"扰官"表演，主要通过缠和吵两种策略。一份政府内部文件生动地记录了这一剧目的表演："市工作组、镇干部下村工作了解情况，群众都成群围上来，七嘴八舌，工作人员很难开口解释、宣传上级政策和有关规定。工作人员到现场，马上就会被群众围住，扯衣服、拉胳膊，老太婆还点着香不停地拜。一些别有用心的人用'是镇里派来刺探情况的'等话来煽动群众，工作人员想脱身都比较困难……老百姓，特别是农村妇女比较过分，除了辱骂工作人员，就是反反复复地强调，要求化工企业搬迁，其他人想发表其他的想法，就马上予以阻止，或诬蔑他是收了什么好处。"（《3月24日以来华镇黄奚村部分村民在桃源工业功能区拦路情况的处理汇报》）镇干部C17也在采访中提到了这种骚扰表演："只要是工作人员去，你去工作也好，你去跟他们讲也好，有些老太婆还比较讲理。但总有那么一帮人，你去跟他们讲，他们就轰地围上来，嗡嗡嗡地来搞你，特别是五村的几个老太婆。你的工作是根本没法做的，镇干部也没有办法工作。他们说，你是镇干部啊，你来做工作，你是帮他们讲话的，你帮化工厂讲话的啊，就是这样，不容辩解的。"（C17，2007年6月21日）工作组成员经常一去就被村民围困几个小时，"公安不敢去救"，最后只有请当地有威望的人出来说情解围（C15，2007年5月31日；C23，2007年6月25日；V13，2007年6月8日）。

农民的"扰官"表演也让那些平时高高在上的官员出了洋相。工作组成员到搭棚区，经常被老人拉上台，让他们"说几句话"（V4，2007年4月13日），但事实上这些官员根本不可能说出可以让老百姓满意的话。在采访中，镇干部 C17 向我描述了一个生动的场面："一个 WS 镇的领导到现场做工作，老太婆说，哦——这个是谁啊？哦，是××啊，老太太围上去，就说你这个一定要给我解决好，不解决好下次不要来了。老太太围着他，拉着他，你站上去，上去讲几句，保证化工厂什么时候移掉，不保证不要走了。没办法，他上去讲，说，'哦，这个问题市里一定会解决的'，'什么时候解决，你讲！'矿泉水瓶就扔过来了。三四个镇干部一起去的，劝他下来，也有认识他的老百姓也开始劝了，好了，好了，不要这样子弄了，你们这样到时候没数的。然后（那个镇干部）走出去了，走出去老太婆还在后面追，（喊道）'不能走的，不能走的，还没讲清楚，还没解决掉'。一个镇的书记，到那里做工作，跑也不好意思跑，他不敢走人多的那条路，（于是）往田那边走。那条路还没有用水泥浇好嘛，老太婆在后面追着，'等一等啊——等一等啊——'，很难看的啦，一群老太婆来拉，来跟着你。"（C17，2007 年 6 月 21 日）景军（Jing 1999，p. 331）在他的研究中也提到了这种让官员非常苦恼的抗争表演："其他官员也有相同的抱怨，感叹自己每次去村里都被老年妇女追着，她们一路哭诉与咒骂，迫切地倾诉着遭受的苦痛。"

### 咒酷吏

如果说"4·10 事件"前抗争者在表演"求清官"和"扰清官"等剧目时，多以谦卑的面目出现，那么"4·10 事件"这一关键事件改变了后续抗争表演的基调。村民对前来做工作的领导干部，要么爱理不理，让他们感到"热脸贴在冷屁股上"，要么骂他们是狗，让他们下不了台（X，《在华镇干部大会上的讲话》①，2005 年 5 月 1 日）。

"4·10 事件"发生后，市长 F 于 4 月 17 日到黄奚村开群众见

95

---

① 市委副书记 X 的这一讲话稿，当时通过高音喇叭在黄奚村反复地播报。

面会，在会上向村民下跪①（C5，2008 年 4 月 30 日；C7，2007 年 7 月 17 日），发表深情演讲，但"老百姓一句话也不听"（P23，2007 年 6 月 2 日）。普通村民 P23 的讲话却赢得阵阵叫好，他当时说："'4·10'发生以来，电视广播报纸一派胡言乱语，颠倒是非。4·10 那天晚上，他们偷偷摸摸进入黄奚，压制老百姓，老百姓在没有办法的情况下自卫反击。"说到这里，P23 手中的话筒被夺走，他又一把夺回，接着说，"下次（他们）来的时候，来一个死一个，来一部（车）敲一部。"（P23，2007 年 6 月 2 日）

除了这种演讲，搭棚区在"4·10 事件"后还出现了各种反抗宣传，主要诅咒施加暴力的 D 市领导。各种大字报的矛锋直指 D 市市委书记 T，他被村民骂成"镇压人民群众的刽子手"（大字报《强烈的要求，人民的呼声》）。村民将"4·10 事件"定义为"掌权魔鬼用了 100 多辆车骗来数千人员对付几十个白发苍苍、骨瘦如柴的老人，用催泪弹轰，电棍打，汽车碾"（大字报《苍天，你是否有眼？》）。在"4·10 事件"刚刚发生后的几天里，黄奚村民甚至出现了反对共产党的言论（C7，2007 年 7 月 17 日；C16，2007 年 6 月 20 日），嘲笑共产党员的先进是"汤（贪）官最勇敢、最先进"，说"三个代表"思想是"代表××个人权利，代表贪官污吏，代表少数个人利益"。

"骨灰盒事件"是村民"咒酷吏"表演的高潮。2005 年 5 月 3 日，搭棚现场出现了村民自制的骨灰盒，盒上贴着市委书记 T 的照片。5 月 5 日上午，骨灰盒还在一个竹棚前供着，现场观看的人在万人之上（V6 现场记录）。之所以有这幕戏，最有可能的原因是 13 名省内知名专家经调研后，于 4 月 30 日得出环保结论：化工园区内 6 家化工企业，3 家要关闭，3 家企业需停产整治。而且，

---

① 这不是 D 市市长第一次向群众下跪了。根据 D 市 N 镇 L 村村民向我提供的材料，2002 年 4 月 3 日，F 在征地时曾向 L 村九旬老太下跪过（L 村，《向中共中央有关领导反映我村冤情》）。

根据"省环保局局长说，3 家停产整治的厂中，有的厂如果说要达到环保标准，通过专家论证后再生产，是不大可能的，因为环保投入很大，要求太高。"（X，《在华镇村干部大会上的讲话》，2005年 5 月 1 日）。省专家的环保决定引起了村民更大的怨恨，因为村民认为，既然这些企业在环保上不达标，那么当初为什么让它们搬到黄溪，让农民受苦这么多年。部分村民于是通过给市委书记 T送终的方式（C17，2007 年 6 月 21 日），对当时的决策者给予了最恶毒的诅咒，同时也是以此为噱头，进一步激起群众的愤怒，争取将所有的化工厂彻底赶走。

如中国大部分政治抗争剧目一样，政府是华镇农民抗争表演最重要的观众（参见 Esherick and Wasserstrom 1990，p. 856）。在华镇事件中，当时政府下派的大量工作组成员，是官方观众的代表。只不过官方观众，因害怕与抗争老人纠缠，经常缺席观演。即使出席，这些观众也一般没有批判功能，"以说好话为主"（C30，2007年 6 月 17 日；C16，2007年 6 月 20 日）。特别是"4·10 事件"之后，官方观众更是丧失了负面评价的权利。镇干部 C17 当时身处前线，最能体会到这一转变："'4·10'后，我们只能跟他们赔笑脸，说，'哦，你们这样好，这样好。你们这样很辛苦，要注意身体'，都是这样说的。不能说'你们这样是什么行为，影响很差的'，不敢这么说。"（C17，2007 年 6 月 21 日）在其他政府官员看来，"政府的这种态度［指说好话］使棚越搭越多"（C16，2007年 6 月 20 日）。

### 审奸商

村民在"4·10 事件"前针对园区企业的行为比较少，至多将过往的运货车辆拦下来。因为有"10·20 事件"的教训，所以村民在搭棚抗争前被告知要谨守一条："什么东西都不要碰"（P6，2007 年 6 月 15 日），"车子不要碰，人也不要碰一下，厂里你也不要去闯，在这里搭棚就是在这里搭棚"（P3，2007 年 6 月 11 日）。

"4·10事件"后，村民处于极度愤怒中，他们的抗争行为不再温和。工厂老板在事件后给厂里留守的职工送去的快餐，路过搭棚区时被截了下来，守棚的老人愤怒地说："这些毒厂，还要给他们（送饭）吃，这些人饿死好了。""结果一轰，快餐全部被抢掉吃了，后来（送饭）都是偷偷地从田畈小路背进去的"（C17，2007年6月21日）。2005年4月25日，GT厂的厂长在搭棚现场被老人的香火烫伤，其妻还被拉到黄奚五村搭建的竹棚里审问。厂长的妻子被老人扣留在竹棚里长达五个小时，棚里的老人要她写检讨，写化工厂有毒，承诺化工厂将会如何赔偿。有些老年妇女还把在农村中只有家人去世时才会用的白纸条，贴到企业门口，现场围观这幕表演的群众有2000多名（《D市华镇"4·10事件"工作进展情况》；《华镇事件大事记》；V6现场记录）。

当时自顾不暇的地方政府，也不敢处理村民的这些过激行为。被审问的厂长夫人后来跑到华镇派出所报案，派出所的工作人员说，"我们也没有办法查的，当时现场那么多人，我们去现场了解，人家也不会讲，我们不能去查，一去民警又被围住了"，"现场都进不去，谈话都谈不下来"（C17，2007年6月21日），根本没法处理。后来所有化工厂被地方政府勒令搬迁，但竹棚堵住了交通，企业还不得不低三下四地"向全体村民提出申请"，请求获得许可，把原材料和机器运出去（D市HH厂于2005年4月25日提交的《申请书》），恳求村民"拿出友爱之心，伸出救援之手，创造条件，让出'希望之路'，让出'安全之路'"（D公司于2005年5月6日致村民的《公开信》）。总之，"那时候他们（村民）的势力很大的"（C17，2007年6月21日）。

### "惩叛徒"

要使抗争表演顺利进行，抗争组织者必须发展出一套保证戏剧忠诚（dramaturgical loyalty）的防御技术。所谓戏剧忠诚，是指表演者必须接受一些道德义务，不许因个人利益、或依某一原则、或谨慎不足，而泄露剧班的秘密，不许自导自演，表现自己，也不能与观众产生情感联系（Goffman 1969，pp. 187 - 189）。在华镇事件中，抗争组织者主要通过"惩叛徒"的剧目保证成员对抗争表演的忠诚。"惩叛徒"主要包括贴叛徒标签、写叛徒的大字报、抄叛徒的家等策略。

叛徒的话语在当代中国草根抗争中被广为运用（参见应星 2001，第 410 页；于建嵘 2004；O'Brien and Li 2006，p. 246）。对抗争者而言，不但那些与政府合作的人是叛徒，其他还可以被称为叛徒的人包括：（1）停止抗争活动的积极分子，比如于建嵘（2004）观察到，在湖南农民抗争中，"如果某位'代表队伍'最后退出抗争活动，他就会被视为'叛徒'"；（2）行动与抗争群体不一致的人，如应星（2001）在《大河移民上访的故事》中写道："在事情没有解决之前，工作组发放的粮食补贴款不能领，谁领了谁就是叛徒（p. 410）。"被贴上"叛徒"标签的人，会受到抗争群体乃至社区居民的孤立与排斥，"最基本的人际关系都会受到破坏"（于建嵘 2004）。所以，叛徒标签是一种惩罚不遵从抗争群体规范的行为、保证抗争者忠诚的工具。

在华镇农民的抗争中，主要有三种人容易被贴上叛徒的标签：（1）"有土地牵连的，（卖地时）签过字的都是叛徒"（V12，2007年 5 月 27 日）；（2）立场与群众的舆论导向不符的人，如"群众中形成一个舆论导向，举个例子，他们提出要搬厂还基了，有这个导向的时候，如果一个人说，搬厂还基是不现实的，搬掉了就好了，你如果说这种话，就有可能把你当成叛徒了"（C20，2007年 6 月 20 日）；（3）帮政府解决问题的人都是叛徒（C20，2007年 6 月 20 日）。

在华镇事件中主要有以下几种"惩叛徒"的表演：（1）在口头上指骂以上三种人为"叛徒"。（2）在宣传标语和传单中对叛徒进行总体性的批判。如在《告华镇同胞书》中，叛徒与贪官成为农民斗争的对象："现在深受其害的附近数公里乡亲们已觉醒。正在向那些打人、放火、抢夺的贪官污吏、叛徒走狗进行坚决斗争。"在"4·10事件"后，《星火燎原》这份传单中写道："人民警告你们，贪官、污吏，叛徒走狗，拍拍良心，悬崖勒马。有史以来，顺民意者昌，逆民意者亡。"（3）对重点叛徒进行重点批判。"当时（骂某人是叛徒）一般不会用标语贴出来，会用标语贴出来的一般是比较知名的人"（C20，2007年6月20日）。如黄奚某村支书在"4·10事件"后协助地方政府将被砸毁烧毁的50余辆汽车拖出黄奚中学后，立即成为众矢之的。在《告黄奚人民书》中，他被骂成"向'汤圆'① 摇尾乞怜，一副奴才相，去签订'丧权辱村'的不平等条约"、"下贱的软骨头"、"比汉奸还汉奸"。（4）抄叛徒的家。"2005年4月30日下午，黄奚五村村民WGH、WJM（其父WYF是五村上任村长）两户房屋遭群众围砸，窗户玻璃、灶台、家具、电器等被砸毁，屋内陈设一片狼藉"（《黄奚事件大事记》），原因是他们两家曾在化工厂的引入上得利。这两人被村民贴大字报骂作叛徒后，在棚区与搭棚老人发生冲突，结果"人民去抄他们的家，有好几千人去"（P6，2007年6月15日）。对于这个事件，处于道德劣势的地方政府也显示了妥协，市委副书记在第二天的村干部大会上说："对昨天的事件，据了解，公安已经掌握情况，已对有关人员进行了取证。严格讲，那是一起暴力事件，应严肃处理。但是我们出于全盘考虑，再三强调不要急，我们的目的不是单单处理这个事，而在于事件的全部。"（X，《在华镇村干部大会上的讲话》，2005年5月1日）。这一反复向村民播报的市委副书记讲话稿，是地方政府进一步示弱的信号。

"惩叛徒"的表演主要起到以下作用：（1）减少不遵从者。当时有一些老人因种种顾虑，不想去守棚，但大多还是去值班守夜了，因为"你不去就说你是叛徒"（C13，2007年5月23日）；更重要的是（2）叛徒标签是一种污名（Goffman 1963, p. 10），贴叛

---

① 指市委书记T。

徒标签是一种斗争策略，可以减少抗争群体内部成员被收买的可能，从而阻止地方政府解除抗争动员之网络的扩大。"叛徒是一种帽子，是他们与政府对抗的策略。因为我们政府做工作，肯定要利用村干部去做的。你村干部一来做工作，老百姓就把你当作叛徒，就把你隔绝了。我是干部，家里还有很多人在村里，他们都有威胁的，对待叛徒要怎么样的。这种气势，对村干部的威胁肯定是存在的。本来镇里开过会了，（村干部）应该去做工作。这样一来，他们就反对了，（因为）去做工作，自己还要受到伤害。现在社会这么现实的，好汉不吃眼前亏，他们能不讲的话就不讲了"（C20，2007 年 6 月 20 日）。村干部 V5 印证了 C20 的评论："你（指地方政府）叫我冲到前面去，谁会听你啊？你们有枪有炮不敢去拆，叫我们去拆，我是没有这么大本事。"（V5，2007 年 6 月 6 日）所以，"一开始还叫几个村干部过去，那时候，村干部还有用，还敢去，后来连村干部也不敢去了。村干部去了，他们就骂你们这些走狗什么的"（C17，2007 年 6 月 21 日）。在 2004 年年底被村民选为黄奚村村委的 V2，在镇政府的压力下曾去拆过棚，结果差点挨村民的打（P3，2007 年 7 月 15 日），村民指责他："叛徒啊，你拆掉干吗？没有解决，你去拆掉。你们当了村委，老百姓给你选上去，你来拆掉，你这个叛徒啊。""这都是当面说的，政府的话肯定要听的嘛，做一下工作肯定要做的嘛。（但）老百姓（却）说，变了"（V2，2007 年 6 月 17 日）。所以，V2 不想在夹缝中被挤兑，后来干脆逃离了村庄。"惩叛徒"的表演起到的这两个作用，最终都促进了抗争群体的团结。

**兴舆论**

在华镇农民搭棚抗争过程中，有各种舆论不断被兴起，如学校井水有毒、政府故意放火烧山以分散村民注意力、"4·10 事件"中被打伤的某一老年妇女去世了，等等。地方政府通常把这些舆论视为谣言，认为是"别有用心的人"所造，但这些舆论大部分是村民在信息不充分时所作的猜测。对抗争而言，兴舆论相当于一种鼓动性的宣传（propaganda of agitation）（Ellul 1965，p. 72）。这种表演不但激发了村民的愤怒，也让地方政府疲于奔命，以化解这些舆论带给他们的压力。

在农民中所兴起的舆论，有些具有激发仇恨的作用。屋漏偏逢连阴雨，正当 D 市在做搭棚抗争农民的思想工作时，2005 年 4 月 5 日，黄奚村附近的山上发生了森林大火，造成了两死一伤的后果。此次森林火灾，事实是黄奚四村一个妇女在扫墓时不慎失的火，但当时处于抗争中的村民都认为是政府故意放火，以"分散竹棚里面的人的注意力"（V4，2007 年 4 月 13 日）。所以，农民不但没有去救火，反而在一段时间里增加了对地方政府的仇恨。又如，在"4·10 事件"发生后，D 市市委书记 T 在华镇召开的干部（包括村干部和退休干部）会议上说了一句话，大意是：共产党天下都能打下来，国民党八百万军队都打败了，天安门那么大的事情一个小时就搞掉了，真要压制黄奚农民的话，就像压制一只蚂蚁一样，但是我们不能这样做，共产党是为民办事的（C13，2007 年 5 月 23 日；V5，2007 年 6 月 6 日）。当时 T 这么一说，西村的退休干部 V13 和 JQD 立即站出来说话，坚持"要把矛盾的性质讲清楚"（V5，2007 年 6 月 6 日）。T 的这句话后来传了出去，"老百姓就断章取义，说共产党压制黄奚人民就像压制蚂蚁一样"（C13，2007 年 5 月 23 日），被摘出的这半句话，严重伤害了本已十分愤怒的群众的感情。又如，5 月 12 日上午九时，"正当大家都在做工作时，出现了一辆大车，说是化工原料。事情一下子完蛋。在半小时时间里，来了上千人，一致舆论就是政府骗人〔按：因为当时政府已经作出搬迁所有化工厂的妥协〕。……在 4 点左右，围观群众达几千人，政府就是有上千张嘴也讲不清，4 点 45 分开始下雨，人退去。舆论一致，'政府骗人'。中午时分，饭被抢，水被抢"（V6 现场记录）。为了化解这个舆论的压力，地方政府在第二天的《华镇宣传特刊》上用整个版面以《给老百姓一个明白：一车化工产品的来龙去脉》为题解释了事情的原委。

还有一些被兴起的舆论，是为了鼓动农民参与行动的。根据地方政府编写的《华镇事件大事记》，2005年3月29日，一纯净水推销员在黄奚村贴标语说，深井水被污染了，有致癌物质，且水井越深毒性越大。之后，400多名家长立即赶到黄奚初中，要求保障学生的用水安全，还有人要求学校停课。地方政府迅速要求D市检疫站出具自来水合格检验报告，但次日还有近百名家长到黄奚初中"闹事"，认为检测报告弄虚作假。又如，"4·10事件"发生后，D市政府为了安抚民心，同意将4月6日前后拘留的8名村民中的7人释放。政府的这个妥协被村民看作示弱的信号，村民中于是盛传一个舆论，"在清理受损车辆时，政府已妥协，和村里达成协议，对闹事人员不进行处理"（《D市华镇"4·10事件"工作进展情况》）。后来YL村、LZ村等黄凡片村民去搭棚，部分是出于这个舆论的鼓动。引发黄凡片村民去搭棚的最主要原因是"烟囱加高说"。P9说，"我们这里的情况，后来为什么轰动得那么大呢？有另外一个原因。厂里的烟囱那么低，附近的污染那么大，所以有人提议烟囱加高一点。老百姓一听，好，这烟囱加高了，比如再加50米，附近的毒气好像很少，（但）都散到外面去了。后来黄凡片那边的人也来搭棚了，（甚至）HT的人都要来了。"当时村民都认为，"棚搭得越多，这个厂就越可能被赶掉，棚不搭起来，这个厂肯定赶不掉"（P9，2007年5月27日）。所以周边村的村民也去搭棚了，希望将化工厂彻底赶出华镇，而不愿看到企业真的采取加高烟囱的救急办法。

### 鼓民心

如果说"兴舆论"在抗争群体内部是一种鼓动性的宣传，那么抗争者还通过发传单、写标语、发表演说等形式，开展整合性宣传（propaganda of integration）（Ellul 1965，p. 7475），即通过积极的话语为村民打气，加强群体团结，巩固抗争决心。

一些传单对农民的反抗斗志有很大的鼓舞，如P7写了被称为具有"精神原子弹"功效的《告华镇同胞书》和《星火燎原》这两张传单。《告华镇同胞书》是P7在2005年3月28日地方政府烧棚后写的，他在传单中鼓舞村民道：

> 同胞们，我们虽手中无权，但我们求生存，求人权，不打、不抢、不放火。我们是正义的，我们是被迫的，我们是无罪的。只要我们万众一心，团结一致，有钱出钱，有力出力，坚持到底，我们的正义行动一定能够战胜邪恶。最后胜利一定属于人民。最后向日以继夜，不怕辛苦，无私无畏，坚守在桃源化工园的父老乡亲致以崇高的敬意，狮山画水为证，人民感谢您，历史记住您，勇敢人民流芳百世，贪官走狗遗臭万年。下定决心，不怕牺牲，排除万难，去争取胜利。

P7的这张传单，给刚刚遭受拆棚打击的村民以极大的鼓舞。在菜市场看到这张传单的老年人，有的激动地大呼："王宅谁说没有人，支持老百姓的人还是有人在的！支持真理的人还是有人在的！"（P7，2007年5月27日）《星火燎原》大字报是P7在"4·10事件"后写的。他之所以要写这张传单，是因为"老百姓打是打赢了，但是厂还在啊，毒气还在啊，老百姓要是被抓的多的话，它们［指工厂］很可能要卷土重来，所以我就写了《星火燎原》这张传单。用'华镇的同胞们、勇士们'，这样场面大一点，当时不仅仅是我们黄奚人，黄凡片那边很多村都来搭棚的，前一张是同胞书，所以只有同胞们，这一张多了'勇士们'三个字，因为我认为，那么多车砸掉，那么就是勇士了嘛，勇士了就应该要赞嘛"（P7，2007年5月27日）。他在传单中鼓励村民道："同胞们，别说天高皇帝远，我们上有省政府、党中央、中央政府、联合国人权组织，下有包括Y市、J市在内数万群众，只要万众一心，坚持斗争，最后胜利一定属于人民。"

　　除了那些比较有影响力的传单外，抗争村民还通过贴标语、发演说等方式宣传抗争的决心。表抗争决心的标语有："拆基还田，有田有粮，有粮有命，为了下一代幸福，要田不要钱"、"下定决心，不怕牺牲，排除万难，团结一致，坚持到底，争取胜利"、"各位父母，我们为子孙后代，团结起来，把毒厂赶出黄奚地面"。有些标语强调抗争群体内的互助。例如，P3被拘留时，有老年人贴出标语，号召村民团结起来营救他，并且帮助他的家人："P3没有罪，他是为人民，（为赶走）有毒的工厂才去北京上诉［指上访］的，请人民给他的父母帮助。他被政府抓去受罪，要救出P3。"在华镇事件中，老年人还经常在公共场合进行演说。如2005年3月28日，P6爬到警车上演讲，她说："我喜欢去坐牢，那里是没有毒的地方。你们为什么把毒厂放到我们村里？为什么不把食品厂、加工厂和家具厂搬到这里？我们这里有几万人民的生命。"（P6，2007年6月15日）有一些老人还吹着哨子，在公开场合宣讲"坚持到底"，"坚持就是胜利"以及"中央就要来人了"等演说（《3月24日以来华镇黄奚村部分村民在桃源工业功能区拦路情况的处理汇报》；V6现场记录）。

　　华镇农民通过以上的抗争表演展示了他们的力量，重新确定他们与地方政府之间的力量关系，另外还增强抗争群体的内部团结（Szerszynski 2002；参见 Durkheim 1965）。我们将在下一节看到，华镇农民尽管没有话语机会，但他们将抗争景观变成替代性媒体，通过仪式化的抗争表演和抗争现场的展示，与观众交流，并创造和界定了情境（Valeri 1985，pp. 340 – 348）。

## 抗争景观

　　景观（spectacle）是醒目的、戏剧性的公开展示（《牛津英语字典》），它强调视觉效果和象征符号，具有一定的规模和宏伟的外观（MacAloon 1983，p. 243）。景观可分为作为视角的景观

（spectacle as lens）和作为表演的景观（spectacle as performance）
（Stack 2008，p. 115）。作为视角的景观是为了更好地说服观众，强
调景观所展示的是真实；作为表演的景观是为了传达信息，通过戏
剧化因素激发观众的情感。因而，景观教导观众如何去观察、去行
动（Atkinson 2005，p. 146）。

华镇农民的抗争表演是一处景观。首先，竹棚作为抗争舞台，
是这处景观最重要的组成部分。这一景观之所以引人入胜，是因为
农民不仅搭建了一个棚，而是搭成了竹棚群。在"4·10事件"发
生前，棚群已初具规模。如4月4日，现场有竹棚15顶；4月6日
竹棚上升至18个。另外，被地方政府视为挑战其权威的竹棚，并
不是短暂地存在，而是与政府正面对峙两月之久。可以说，在中国
当代农民抗争史上，像华镇事件这样大规模、长时段的正面冲突极
为罕见。

其次，在竹棚这一抗争舞台上表演的种种抗争剧目，是这处景
观的鲜活因素。仪式化表演具有景观效果（Juneja 1988；Beeman
1993）。老年人在官员面前表演的烧香跪拜、模拟葬礼，老年村妇
与中青年男性官员之间的纠缠，千人抄叛徒家等，这些行动都是极
易引起众人围观的"节目"。

再次，"4·10事件"的发生，更成就了华镇农民抗争现场的
景观特征。冲突后，停在黄奚中学内的近60辆被砸毁烧毁的汽车，
以及村民搜集起来悬挂在竹棚上展览的钢盔、警服、警棍、刀具以
及催泪弹筒等，赋予了抗争竹棚更多的政治意涵。另外，"4·10
事件"也使农民的抗争表演更富情感，越发剧烈，因而更具戏
剧性。

最后，华镇农民的抗争表演吸引大量观众。观众是演出的参与
者、见证者和评估者（Beeman 1993）。没有观众，就没有戏剧。
没有观众的抗争表演，如同树倒于林，未曾发生（Lipsky 1968，
p. 1151）。自黄奚农民搭棚抗争始，抗争现场经常像集市一样（V6
现场记录），搭棚区成为附近农民茶余饭后的去所。村民们"一般

到了晚上，会去搭棚的地方走一走，看一看"（P8，2007 年 5 月 27 日；P4，2007 年 6 月 23 日），"每天晚上都去那里玩，没干吗，就去凑凑热闹"（P11，2007 年 6 月 10 日），他们觉得"那么热闹的地方不去还哪里去啊？玩玩看看也好"（P9，2007 年 5 月 27 日）。需要交代的是，本地村民既可以是观众，也可能成演员。在紧急情况下，如工作组成员欲把老人拉到棚外强行拆棚时，这些高度关注的本地观众会立即转为演员，加入到抗争中。C17 是这样描述这一转化的："一般一开始是老太婆上来拜，我们肯定要把香给她拿走，扔出去的。边上就有年轻人在一边看，（我们把香扔掉后，他们就围上来），'哦——打人了！打人了！'然后（他们）就来打你了。"（C17，2007 年 6 月 21 日）所以，本地村民这种"旁观者关注"的在场，是一种灵活的抗争方式，他们是抗争演出不可或缺的配角，是主角的坚强后盾。

华镇农民的搭棚抗争也受到大量外地公众的关注，特别是"4·10 事件"发生后，外地游客蜂拥而至。从 4 月 10 日到 15 日，因"4.10"现场未被清理，"每天有几万人来"，"J 市、YK 市、Y 市的人都来看"（V12，2007 年 5 月 27 日），"人海一样的，早上去，就回不来了〔指人多，无法挤出来〕"（V1，2007 年 6 月 3 日），"很多很多（游客）的车，都停到黄奚外面去了"（P8，2007 年 5 月 27 日），"整个交通都瘫痪了"（P4，2007 年 6 月 23 日），有些人甚至是步行几公里到达黄奚的（卢相府 2005a）。可以说，本地观众与外地观众既是这处景观的欣赏者，又是景观的组成部分。

华镇农民的抗争得到的广泛关注，并不是媒体对农民抗争做了大量报道的结果。在西方民主国家，媒体对集体抗争的报道往往集中在那些壮观的、有影响的、扰乱式的、或能产生文化共鸣的集体抗争上（McCarthy, McPhail and Smith 1996；McAdam 2000）。但在中国，媒体面对以上类型的集体抗争，不是退避三舍，就是在报道中避重就轻。从 2005 年 3 月 24 日黄奚农民开始搭棚抗争到 4 月 10 日这段时间，没有官方媒体对这起搭棚事件作过报道，尽管 D 市市政府高度重视这起抗争，由市委书记亲自挂帅组成了工作组，下派百名工作组成员做情感工作。4月8日，有网友在"J市日报社市民援助中心网"上留言道："D市华镇出大事了！要求媒体介入！"报社有关工作人员的回复是"建议派记者采访"，但迟迟未见相关报道。"4·10事件"发生后，官方于次日在《D市日报》上以《我市清理桃源非法搭建竹棚受群众围堵》为题发文，委婉地指出官民矛盾的存在。该日报纸还有两则边角新闻，如《记者就清理桃源非法搭建被围堵情况作采访》、《市领导到医院看望受伤人员》。这些报道对"4·10事件"的经过进行了蜻蜓点水式的处理，且采取了最有利于地方政府的报道方式。这些报道未提及农民的抗争，也没有说明农民在冲突中的受伤情况，更没有华镇农民的声音。到4月13日，《J市日报》才发表了题为《群众环保诉求被少数别有用心者利用，D市华镇发生群体性事件》的报道。从"4·10事件"爆发到5月20日竹棚拆除这段时间，《D市日报》倒是作了大量相关报道，但主要是有关政府部门商量如何解决桃源工业园问题的会议及决定，仍然基本上听不到农民的声音。

但是，官方媒体对冲突所作的蜻蜓点水式的报道，也意外地起到了动员公众的作用。D市官方的报道虽然没有描写事件的具体过程，但有关官方物质损失和人员受伤程度的报道，事实上暗示了官民冲突的严重程度。承认严重官民冲突存在的官方报道，具有动员效果。因为一方面，官方媒体过分偏向政府一方的报道，导致不少不信任官方报道的近距离公众亲自前往现场调查。卢相府（2005a）在《"D市华镇事件"现场报道》记录了这么一幕："许多人围着一位老人在听他演讲，老人情绪激扬地（说）：电视台上说，我们政府是来帮助老百姓的，（结果农民）还伤了不少警察，我就是不信，今天就亲自来看一看。"另一方面，更多的观众是带着猎奇的心态去看抗争现场的。在《卫报》记者的报道中，一位出租车司机说："这些村民够勇敢吧？他们太强了，简直不敢相信。每个人都想来看这个地方，我们真的很佩服他们。"（Watts 2005）所以，官方的报道虽然

语焉不详，但依然为欲知真相的市民和好事之徒，提供了参观抗争
现场的线索。而对于远距离的公众，由于对地方政府一贯的不信任，
往往作出有利抗争者、不利地方政府的想象。如"4·10事件"发生
后，一位网友在网上发表了这样的评论："由于政府采用'压'的方
式，几乎所有网站都不能讨论和发表此事，搞得绝大多数人都是用
'猜'的方式来得出近似的死亡和受伤的人数。搞得死亡和受伤到底
多少人的谣言不知道有多少，因为政府用'隐瞒'的方式，对整件
事情报道片面，导致本来报道是正确的，比如'没有人员死亡'（我
得到的信息是确实没有死亡［按：网友注]），几乎没有人相信，真
是替《D市日报》悲哀，也替政府悲哀。"

　　华镇农民的抗争得到广泛关注与支持，更重要的原因是，抗争
景观本身可以起到替代性媒体的作用。替代性媒体是相对于主流媒
体而言的，通常提供不同观点，支持社会变迁，服务被主流媒体忽
视的受众，如工会通讯、社区电台、激进政党刊物、20世纪60年
代嬉皮士地下报纸等是替代性媒体的具体形式（Waltz 2005, p. 2）。
抗争景观作为替代性媒体，首先可以向最直接的观众播报他们辛酸
的故事。如在2007年9月，湖北英山县农民通过搭棚反对垃圾污
染，"一些过往行人、司机和县城里的居民纷纷表示支持和同情"
（《湖北英山沙湾河村污染受害农户呼吁书》）。其次，一些常规的
集会活动，如集日，使抗争景观获得更广泛、更异质的观众的关
注。2005年4月10日是农历三月初二，正好是黄奚市场的赶集
日，冲突现场有相当多数的人是赶集的普通公众（V4，2007年4
月13日），不少赶集者见证了"4·10事件"的全过程。而且，农
历三月初三是华镇黄凡片传统的交流大会的第一天①。黄凡交流会
每年举办一次，每次持续三天左右，有很多外地商人赴会。交流会
不但是一个商业活动，也是探亲访友的节日。所以，当时处于抗争
中的华镇农民，可以直接通过抗争景观这一替代性媒体，向一个十

① 2007年，我在华镇做田野研究时正好经历了一次黄凡片的交流会。

分异质的公众宣传他们的怨恨。最后，信息是以指数增长的方式扩散的，偶然路过而参观了抗争景观的观众，会将这个讯息通过他们人际关系网络传递出去。如一位来自 Y 市的时髦女郎说："我们之所以来这里，是因为很多人听说了这个暴动。这真是个大新闻。"（Watts 2005）

替代性媒体是反对霸权文化和某一政治实践的潜在场所（如：Couldry and Curran 2003；Downing et al. 2001；Atton 2002，p. 10），是一种提供相反信息的设置（counterinformation institutions）（Downing et al. 2001，p. 45）。作为替代性媒体的抗争景观，使抗争者可以按自己的方式，将他们的信息和意见传递出去（Shepard 2010，p. 243）；同时，抗争景观可以通过提供见证镇压的空间（Moser 2003；Taylor 1998），解构官方媒体对冲突事件的建构。"4·10 事件"后，官民双方都在争夺对这一事件的定义权。官方垄断了传统媒体资源，通过这些出口宣传有利于官方的定义。如《D 市日报》第一次是这么报道"4·10 事件"的："昨日，我市清理非法搭建统一行动指挥部组织工作人员对华镇桃源工业功能区路口非法搭建的竹棚进行清理时，个别别有用心的人煽动数千群众进行围堵。工作人员遭石块、棍棒、砍刀等袭击，有 30 多名人员受伤并送到医院接受治疗，其中 5 人伤势较重，但没有生命危险，没有人员死亡。数十辆车辆被砸毁，经济损失巨大。"（单昌瑜 2005）这则报道只字未提农民一方的受伤情况，也未提及农民遭受的污染之苦。农民不能通过官方媒体传达他们的声音，但他们通过抗争景观向公众展示地方政府对农民维权行动的压制，从而解构官方在媒体上对事件的定义。4 月 10 日那天，农民在把政府官员打退后，又砸毁烧毁所有停在现场的车，处于极度恐惧中的农民立刻重新搭一个棚，通过展示地方政府留下的各种器物，强调政府对农民的不义。有些农民认为："这个棚很必要。当时他们逃的时候，头盔啊、衣服啊、砍刀啊、老虎钳啊都是有的。挂在棚里展览，（这样做）第一声明老百姓胜利了，另外一个说明这是部队行为。为什么呢？

你们（政府）来，也不能带着这么多的车辆，公检法三级都有，
（是）全面发动的，他们连街道办事处的人都发动了。（搭这个棚）
首先一个，就使你们当地政府、警察威信丢失了。"（P8，2007 年
5 月 27 日）所以，抗争景观作为替代性媒体，可以向公众宣传抗
争者定义的现实。华镇农民通过抗争景观的展示，也的确达到了这
个目的。那位在尹相府（2005a）的报道中去黄奚证伪官方报道的
观众，参观了抗争现场后这么说道："看到这个场面，我想，大家
都知道了，原来我们政府是开着六七十辆汽车，载着一两千号人来
帮助老百姓的。还带来了那么多刀子、棍子、甚至催泪弹。"

111

正是认识到抗争景观具有替代性媒体的功能，可以见证地方政
府的不当处置，华镇农民在"4·10 事件"后特别注意保护冲突现
场。一个村民在接受记者的采访时说："今天（4 月 13 日）镇政府
召开会议，讨论要把黄奚中学院子里的车全部运出去，要破坏现
场，销毁证据"，"村民坚决不同意。我们要保护现场，让更多的人
能够看到政府说的和他们做的根本就是两回事①。"正因为村民的
这种"现场意识"，"4·10 事件"的现场被保护了 5 天，直到 4 月
14 日官民"签订"了"条约"后，农民才勉强让地方政府于 15 日
将被毁的汽车拖走。镇领导 C7 非常清楚这一景观展示造成的严重
后果："我们关键是汽车砸在那里，太多人来看了，本来也没有什
么，被舆论炒作的……按我的思路的话，'4·10'那天晚上那些
车全部处理掉，那一点痕迹都不会留下来的。"（C7，2007 年 7 月
17 日）

华镇农民通过抗争景观的展示，赢得了公众的同情与支持。
V12 说："四面八方的人都来看，大部分来看的人都是同情的。"
（V12，2007 年 5 月 27 日）在参观现场时，"那些村民的战利品强
烈地刺激着围观的人们。人们纷纷掏出数码相机、手机，拍照记

---

① 作者不详，《华镇人谈"官民矛盾"》，http：//www.chinaelections.org/NewsInfo.asp？NewsID＝9474，获取日期：2010 年 2 月 14 日。

录，并不愿离去，仔细地阅读每条标语，进去与老人交流"，"老太太们均饱经风霜，向大家诉起污染之苦以及被'依法行政'的事情，均娓娓道来，平和的语气里隐藏着愤怒与悲伤。个别老人因为年龄太大，说话不是很利落，但是说到子孙后代的时候，那股激愤，那种关怀，令人动容"（尹相府 2005a）。这些"动容"的外地观众，除了提供喝彩之外，还通过给物送钱的方式，对华镇农民的抗争予以帮助。在大多时候，外地观众的支持是匿名的、秘密的。曾在棚内值班的老人 P15 说："我守夜的一个晚上，有人送米糖、饼干和钱到我们棚里，对我们说：'你们辛苦了，这些东西你们晚上饿了拿去吃。'"（P15，2007 年 5 月 24 日）在搭棚期间，还有规模较大的支持，V8 回忆道："有一个人送来了钱、饼干和饮料 20 多箱来支持我们，我们也不知道他是谁，问他从哪里来，他回答说不要问我从哪里来。"（V8，2007 年 5 月 26 日）"4·10 事件"发生后，外地游客的资助行为要公开一些。当时搭棚现场设有捐款箱，还在箱后插了两根蜡烛，这既是委婉的求助，也意在表示捐款行为的高尚。在整个华镇事件，农民获得十几万的捐款，事件后还剩三万余元（V4，2007 年 4 月 13 日）。所以，正如欧博文和李连江的研究指出的那样，在中国，激进的行动通常吸引旁观者的支持（O'Brien and Li 2006，p. 92），而不会像西方社会运动那样会疏远同情者。

在华镇事件中，抗争景观的展示还产生了狂欢的气氛。街头的抗争经常会导致狂欢（Gilroy 1987，pp. 238 - 239）。在"4·10事件"发生前，搭棚现场已像个集市（V6 现场记录），"每天晚上有上千人"，在现场的老人遇有紧急情况，通常是鞭炮一放，"大家都来看，像看戏一样"（V8，2007 年 4 月 17 日）。华镇事件发生后的那几天，整个黄奚几乎进入了"癫狂时刻"（moment of madness）（Zolberg 1972；Tarrow 1993a），"人来人往，热闹非凡"，"路边叫卖声此起彼伏，比赶集还热闹"，"人人惊叹不已"（尹相府 2005a）。正如巴赫金所说的那样，狂欢消解了参与者与观察者之间的界限，现场所有人都生活在狂欢中（Bakhtin 1968，p. 7）。不过，"4·10事件"刚发生后，"因为汽车敲掉后，百姓（其实）很害怕"（V4，2007年4月13日），"整个华镇都在颤抖"（C7，2007年7月17日），所以刚开始的狂欢气氛，同时也体现农民内心的极度恐惧，他们当时都预料地方政府将有进一步行动（Markus 2005）。但后来地方政府一次次示弱后，狂欢气氛逐渐驱散了恐惧。甚至有传言说，村民曾致电国家旅游局，让他们在"五一"黄金周组织游客到黄奚参观（《D市华镇"4·10事件"工作进展情况》）。

　　在狂欢中，日常生活的等级秩序被颠覆了，或受到了挑战，或遭到了戏谑。Scott（1990，pp. 122 – 123）甚至观察到，在自由市场这个控制略微松弛的空间，农民的行为也带有狂欢的特征，日常的等级与遵从暂停适用。那么，经历了"4·10事件"后的黄奚，可以说基本处于无政府状态，农民真正经历了一次狂欢。原先低声下气去上访的农民，此时将他们平时所受的气加倍地奉还。在"4·10"冲突中，村民迫使拆棚人员脱下警服，"衣服剥掉就让他们出去，让他们投降"（P1，2007年6月8日）。"4·10"之后，派出所到村里不敢穿警服了，都是"化作便衣去"（C17，2007年6月21日）。平时胆小的农民这时候也突然壮了胆，如上文提到的平时连话筒都没碰过的P23，在市长F到黄奚开群众见面会时，夺过话筒讲话，将地方政府痛骂了一通。所以，狂欢的世界是个颠倒的世界，在狂欢中，所有的生活只服从狂欢本身的自由法则（Bakhtin 1968，p. 7）。

　　抗争群体进入癫狂状态后，工具性需求与表达性需求之间的界限瓦解了（Zolberg 1972，p. 183）。在这种非常态政治中，许可的行为界限被打破（Piven and Clward 1995，p. 437）。平时因计划生育、违章建筑等原因受过惩处的沉默农民，在这时也活跃了起来（C7，2007年7月17日；C16，2007年6月20日），"华镇事件"后的抗争现场，"成为有意见的人发泄的场所"（妇联工作人员，

2007 年 6 月 22 日）。正如 Scott（1990，p. 9）所说，农民"平时养成的谨慎与欺骗的习惯，再也不能控制住心中反复经历过的愤怒"，平素的怨恨终于找到了出口。镇领导 C7 曾用鄙夷的口吻说了这样一段话："这些人平时社会地位很低，得不到保障，没人保障。好了，那时有人给他们吃，给他们穿，他们成了英雄一样，天天在汽车上舞蹈、演讲。这些人平时的社会地位，太低太低了。……他们在这次运动中，有人支持，有人喝彩，有人给钱，有人给吃，地位很高啊，就像当年土地改革那些翻身闹革命的人，这个社会本质没有变。他们一生有这个华镇事件的几个月，也风光过了，做人也值得了，可以这样理解。"（C7，2007 年 7 月 17 日）

公众的关注和黄奚的狂欢最终引发了高层的介入。2005 年 4 月 16 日，浙江省环保局副局长秦忠和 J 市代市长 GHJ 参加了"桃源工业功能区整治工作专题会议"。4 月 18 日，国家环保总局环境监察局副局长在浙江省环保局副局长的陪同下到华镇调查监督。4 月 22 日，浙江省副省长陈加元在省环保局局长戴备军、副局长李泽林，J 市代市长 GHJ、J 市副市长 LHW 的陪同下，到 D 市指导华镇的环保整治工作。4 月 27 日，中共中央政治局常委、中央纪委书记吴官正强调，要严肃查处环境违法案件，坚决维护人民群众利益（夏长勇 2005）。大部分华镇农民甚至官员都认为，吴官正有此强调是由于华镇事件的影响。5 月 1 日上午，浙江省常务副省长章猛进和 J 市市委书记 XZP 到黄奚开座谈会，要求"以感情说明问题，以法来说明问题"。另外，还有其他几位副省长也曾亲临黄奚调查指导。D 市市委副书记 X 在华镇村干部大会上的讲话，也反映了华镇农民的抗争惊动了各领导层："华镇事件发生后，牵动着中央、省委、J 市委，更牵动着 D 市市委、市府和全体机关干部，各级领导都非常重视。一些中央、省委领导都亲自作过指示，要依法对环保问题进行处置。"（X，《在华镇村干部大会上的讲话》，2005 年 5 月 1 日）可以说，地方政府最后作出了彻底的妥协——搬迁所有化工厂，是抗争者、社会公众和高层政府三方施压的结果。

政府作出最后的妥协，是为了维护"民本"的形象。市委副书记 X 在他的讲话中说："我觉得现在的政府是亲民的政府，把老百姓的呼声、利益是放在第一位的，这个决定〔指化工厂搬迁决定〕也充分体现了领导对百姓的关爱……对这件事，从上到下，领导是关心的、关切的、关爱的。之所以公安部门至今没动手抓人，也是尽量地为老百姓考虑。老百姓也是可怜的，许多老人家很穷的。市里一再强调再看看、再等等，目的都在于把王宅这件事能平妥地解决好，因为，这也是我们的责任。"（X，《在华镇村干部大会上的讲话》，2005 年 5 月 1 日）

115

## 小　结

爱看戏的华镇农民①在华镇事件中上演了一出精彩的社会剧。这些农民虽然缺乏话语机会，但他们将抗争舞台作为直接剧场（direct theatre）（Schechner 1998，p. 204），直播他们的抗争。他们上演的仪式化抗争表演，不但具有定义政治现实的认知效果，还有激发情绪的情感效果（Kertzer 1988，p. 14，p. 153）。

农民的戏剧化表演增强了他们的抗争力量。他们通过表演与地方政府周旋，从政府不"民本"的回应中获得了道德资本；他们通过表演惩罚叛徒，鼓舞民众，增强抗争群体的团结；他们通过表演吸引观众，赢取同情，获得资助；他们和观众的狂欢促发了高层的介入，使力量的天平最终倾向了他们。总之，抗争力量可以在抗争中获得再生产。

---

①　华镇的老年人特别爱看戏。我在华镇做田野调查时，还跟老人一起看了不少戏。V12 说，他一年一般都要看上二三十场戏。华镇这个地方，每到下半年戏特别多，不是这个村在演，就是那个村在上（V12，2007 年 5 月 27 日）。黄奚村的老年人还于次年演戏庆祝"4·10 事件"胜利一周年。2006 年 4 月 10 日那天，村民放了鞭炮，吃了汤圆（意在诅咒原市委书记 T）。我恰好是在 2007 年 4 月 10 日到达黄奚村的，那一天村民也放了鞭炮。

McAdam（2000）在其研究中十分正确地指出，框释研究的文献存在偏重思想（ideational bias）的问题，认为已有研究忽视了作为抗争示意工作（signifying work）重要组成部分的行动。也就是说，集体抗争的框释不仅可以通过言语表达，也可以通过抗争者的行动加以彰显（也见 Zuo and Benford 1995）。因而，McAdam 主张拓宽框释的概念，重视行动的示意功能。我在本章中通过研究抗争表演这种具有重要示意功能的行动，响应了 McAdam 的提议。

McAdam 还很有洞见地看到，一个政体所标榜的价值（如"民主"），会给抗争者提供戏剧化表演的框释机会。但他却过分肯定地认为，这种行动机会是西方民主社会的特产。华镇农民长达两个月的抗争表演，否定了他的观点。McAdam 的错误，在于他把西方国家看作铁板一块。在中国，政府声称的民本价值，也为抗争者提供了行动机会。地方政府所做出的与中央所声称的价值相悖的行为，也会赠予抗争者道德资本，使其站上道德高地，使社会公众压倒性地支持抗争，并使高层为维护政体声称的价值，迫使地方政府作出妥协。

# 第五章　情感工作

　　研究中国抗争政治的学者，往往向读者描绘了两幅对比强烈的影像：遥远的好中央与眼前的恶地方（如：O'Brien and Li，2006；O'Brien 1996）。好中央总鞭长莫及，恶地方却时时当道，依法抗争者被打被压成家常便饭，政府偶然妥协如同馅饼天降。压制，可以说，是中国地方政府应对抗争的主要模式（Cai 2008d）。

　　但是，压制有软硬之分（Ferree 2004），应对亦模式多样。压制可通过暴力，亦可经由人际压力；应对有压制，亦可为妥协与容忍（Cai 2008c），还有宣传国家（propaganda state，Kenez 1985）那经久不衰的思想工作（thought work）（Brady 2008；Lynch 1999）和情感工作（emotion work）（Perry 2002；Liu 2010）。事实上，即使在以暴力冲突事件为高潮的华镇冲突中，地方政府所开展的大量工作，并不全在诉诸强力，而是做思想工作尝试疏导沟通（channelling）（Oberschall 1973），做情感工作企图以情动众。

　　所谓情感工作，是指通过改变个体情绪与感受的程度或性质，从而达到某一目标的行动（参见 Hochschild 1979；Perry 2002）。Perry（2002）认为，革命时代的中国共产党通过诉苦、控诉、整风、思想改造、批评与自我批评等情感管理工作，达到了以情动众的目的，从而助其战胜相对强大的国民党。Liu（2010）的研究也指出，情感操控（emotion engineering）是毛时代获得高度政治动员的关键。她认为，毛时代的三种话语激发了群众的政治参与热情：受害者（victimization）话语在政治斗争中激发了工农的愤怒；

救赎（redemption）的话语在思想改造运动中使阶级敌人、知识分子和一些干部产生了内疚；解放（emancipation）的话语使全国处于高亢之中。时至今日，思想工作仍被中共视为党国的命脉（Brady 2008，p. 1），革命时代的情感工作残余及现代版本四处可见（Perry 2002，p. 124）。

如果说任何重大集体行动要有情感动员（Aminzade and Mc-Adam 2002，p. 14）以促成激励机制（encouragement mechanism）（Goodwin and Pfaff 2001，p. 286），那么消解集体抗争动员也可以通过情感工作形成抑制力量。本章所探讨的情感工作是指地方政府通过特定的工作技术，试图改变抗争者的情绪，从而达到降低抗争动员的努力。地方政府的情感工作，是一种区别于硬式控制的软式管理。在本章中，情感工作被区分为激发积极情绪（如满足、感恩等）的正向情感工作和激发消极情绪（如恐惧、厌恶等）的负向情感工作①。地方政府在应对集体抗争时，通常会广泛地利用关系控制，适当地作出妥协，通过传统的意识形态说服，以及对法律法规、政府妥协的密集宣传，尝试激发抗争者的满足感，而使之甘心不抗争，激发他们的恐惧感，而令之不敢再抗争。

中共成功地以情动众闹革命，是否还能以情动众不造反？如果我们将政府以较小的妥协、主要通过说服和教育的方式解除抗争动员认定为情感工作的成功，那么华镇事件最后以彻底搬迁所有化工厂的妥协平息抗争，则可视为情感工作的失败。华镇农民为何不为情所动？本章主要从四个方面论述地方政府在做抗争者的情感工作时面临的困难：（1）工作组成员对情感工作缺乏忠诚；（2）政府的妥协应对导致了更大的动员；（3）密集的宣传作用甚微，甚至适得其反；（4）"4·10事件"使地方政府堕入道德低谷，无法再用建立在较小妥协基础上的情感工作解除农民的抗争动员。

---

① 在本章中，情感工作这一概念的内涵与"思想工作"相同。

## 情感工作：一种抗争回应模式

研究者较少关注中国政府对集体抗争的应对，且在已有的研究中，学者最关注硬式控制（如 Cai 2008d；Tong 2002；wright 1999），而仅有少量研究略及其他应对模式，如妥协（如 Cai 2008a，2008b，2008c）。但是，不管地方政府对集体抗争采取了硬式控制，还是最后向抗争者妥协，其应对过程总杂有或多或少的情感工作。地方政府一般先用社会成本较低的情感工作去疏通抗争者的思想，且常辅以针对"挑头分子"的选择性打压。采取较大规模的强力回应，是地方政府的下策；在"不得已而为之"后常需做大量情感工作，以"挽回人心"。如抗争以妥协而终，地方政府也会借机大做情感工作，宣扬自身的民本形象，一来好垫个台阶收场；二来可居功向上邀赏。总之，情感工作是政府应对集体抗争的重要模式。

地方政府一般通过组建工作组去做抗争者的情感工作。工作组通常是上级政府派往下级监督工作的非常设机构。在处理集体抗争时，下派工作组也是上层政府介入的方式。但最基层的镇政府也会通过组建工作组，按照"一个问题、一个专班、一抓到底"的模式，做集体抗争的化解工作（颜明光 2009）。组建工作组以应对集体抗争这一工作方式，还有一定的制度支撑。2004 年 5 月，国务院办公厅下发通知，要求各省、自治区、直辖市政府制定突发公共事件总体应急预案，要求各省明确本行政区域内的应急领导机构、指挥机构、日常工作机构及其职责、权限。全国各市县政府（甚至镇政府、企事业单位）也应上级要求，制定详略不等的应急预案。各种应急预案的出台，在制度上进一步明确了工作组作为应对群体抗争的载体，强调了情感工作的重要性。

应对集体抗争的正向情感工作，要符合政治话语所声称的价值。江泽民曾强调官员要"带着对人民群众的深厚感情去做思想政治工作"（江泽民 2000），公安部部长孟建柱也要求民警"要带着对人民群众的深厚感情深入群众、联系群众，了解群众疾苦，听取群众呼声，满足群众需求，努力以真心换真诚、以真心换真情、以真心换民心，永远做人民群众的贴心人"（孟建柱 2009）。在解决群体性事件时，各级政府也强调情感工作应成为主要工作方法。如在《海南省人民政府办公厅关于印发处理土地纠纷历史遗留问题工作方案的通知》（琼府办〔2007〕105 号）这一文件中，海南省政府要求各市县在处理土地纠纷中"要始终坚持走群众路线，着力于做细做实群众的思想工作，与群众交朋友、讲感情，积极引导群众正确处理情、理、法三者的关系"。又如在《宁夏回族自治区党委办公厅、人民政府办公厅关于积极预防妥善处置群体性事件的通知》（宁党办〔2003〕46 号）中，各政府部门和企事业单位被要求"一定要带着深厚的感情去帮助解决"群众的问题。一些声称成功化解了集体抗争的地方政府，他们在工作总结中无不强调情感工作的重要，认为"富有感情地工作是基础"①。

除了晓之以理、动之以情的正向情感工作，地方政府在处理集体抗争时也从不放松明之以法、示之以威的负向情感工作。地方政府通常假定，集体抗争之所以发生，是因为抗争者不懂律法，无知无畏。因而需要宣传法律，教育群众，让他们知晓抗争的法律后果。如《大竹县大规模群体性事件应急预案》规定："预防和处置群体性事件，要将法制宣传、教育疏导工作贯穿整个过程。要通过新闻媒体、现场广播、印发通告等方式，广泛宣传有关法律法规和政策，教育群众遵守法律法规，依法维护自身合法权益，通过合

---

① 如：《吉安县成功化解天河煤矿群体性事件的做法与体会》（作者不详），来自江西吉安县政府网：http://www.jaxzfw.gov.cn/site/list.asp? unid = 489，获取日期：2010 年 5 月 9 日；《金石桥镇成功化解千人群体性事件》（作者不详），来自湖南省隆回县政府网：http://www.longhui.gov.cn/News/201004/2010040427128.htm，获取日期：2010 年 5 月 9 日；颜明光，2009，《妥善处置群体性突发事件、维护和谐稳定的社会环境——我镇处置沙澳村群体性事件的成功经验与启示》，来自惠州市惠成区政府官方网：http://www.hcq.gov.cn/zwgk/Show.aspx? id = 20711，获取日期：2010 年 5 月 9 日。

法、正当渠道和方式反映问题。”

华镇事件虽以“4·10事件”为特征，但事实上，地方政府大部分精力集中在情感工作上。在当时 D 市的领导看来，竹棚屡拆屡搭，是因为农民心中有棚。因而，要拆竹棚，应先拆心棚。在这一思想认识下，市政府于 2005 年 3 月 30 日成立了由常务副市长任组长、由市委副书记、市公安局局长、市人大常委会副主任任副组长的工作组，并抽调黄奚籍干部、曾在华镇工作过的及相关部门的干部任工作组成员。3 月 31 日，鉴于事态未得到有效控制，市政府又成立了由市委书记任组长、市长任副组长、市委市政府各有关部门负责人为成员的领导小组，又增调市纪委、组织部、公安局、环保局、土管局等部门的 60 余名干部充实工作组（《3 月 24 日以来华镇黄奚村部分村民在桃源工业功能区拦路情况的处理汇报》）。后来随着事态的恶化，J 市也下派干部加入华镇工作组，工作组成员最多时逾 200 人（C20，2007 年 6 月 20 日；C23，2007 年 6 月 25 日）。在“4·10事件”发生前，市政府已成立 23 个工作小组，其中村工作指导小组 14 个，综合宣传、后勤保障、医疗卫生等工作小组 9 个。华镇农民的抗争竹棚在 2005 年 5 月 20 日被拆除，但工作组的工作并没有停止。5 月 24 日，市委办向各乡镇、各机关下发了《关于调整桃源工业功能区有关问题处理工作领导小组的通知》，成立由市里主要领导任组长、副组长的 7 个工作组：环保整治组、土地政策组、理赔工作组、清账理财组、教育宣传组、经济发展组、组织建设组。

## 关系控制

社会网络是集体行动重要的动员结构（如 Lofland and Stark 1965；Snow et al. 1980；Diani and McAdam 2003），但社会网络也可以成为“解动员结构”（demobilizing structure）（Goodwin, Jasper and Khattra 1999，p. 45），正如 McAdam 和 Paulsen（1993，p. 645）

在研究中指出的，"社会关系既可促进行动，也会约束抗争"，因为人们拥有多重嵌入（multiple embeddings）的关系，而这些关系之间的张力会抑制行动者的运动参与。

地方政府经常动员与抗争者有关的人员，去做抗争者的思想工作，通过人情与关系的压力，约束单个抗争者的行动，从而达到在整体上消解抗争动员的目的。关系控制主要包括两方面的工作：（1）通过人情压力使抗争者退出抗争，如地方政府动员抗争者的亲朋好友去做情感工作；（2）通过网络关系施加威胁，使抗争者产生畏惧心理，从而不得不退出抗争，如对从事公职人员（如公务员、教师等）的抗争者亲属施加压力，要求他们劝退抗争者；又如通过相关单位做其退休职工的思想工作，在必要时以停发养老金相威胁。可以说，在应对群体抗争时，关系控制是中国地方政府最主要的情感工作技术，也是最具中国特色的抗争应对法。

中国社会以人情为重（Hu 1944；Hwang 1987；翟学伟 2005），讲究"人情法则"（Hwang 1987）。地方政府为化解集体抗争所开展的关系控制，借助的是第三方与抗争者之间的人情储蓄。地方政府控制了（或可以控制）第三方所欲的资源，如工作、升迁、福利等，可随时重新配置这些可欲性资源，因而拥有使用第三方人情储蓄的权力。第三方往往迫于压力而动用人情积累，施压于抗争者，使抗争者停止行动。第三方与抗争者若达成以人情消费为基础的社会交易，也就意味着抗争者与政府之间的政治交易间接获得成功。简单地说，关系控制得以运作，是因为政府对第三方有直接的控制力，而第三方对抗争者有人情压力。只有在这两种力量同时足够强的条件下，才能促使单个抗争者退出抗争；只有在有足够多的社会交易达成的情况下，地方政府才能从总体上解除集体抗争。

中国社会是人情社会，政府对民众的生活是有较大控制力。人情压力和政治控制力，使地方政府能将关系控制运用于抗争回应中。如陕西榆林横山县两位老师被强令停课，校方责令"他们回家阻止亲属向上级反映当地煤矿私挖滥采的问题，阻止不了亲属的行为，就不能回来上班"（白宇、胡岑岑 2009）。又如，为了调查发生在 2009 年 7 月 24 日"通钢总经理被围殴致死"事件，通化公安局局长纪凯平"要求公安干警发动朋友、亲属、战友等关系，深入通钢职工内部，掌握各种深层次、内幕性、有价值的情报信息；凡是涉及重要情况信息的时间、地点、人员、过程，都要细致掌握"（涂重航 2009）。江西省新建县县委副书记在一篇题为《科学依法处置农村群体性事件的实践与思考》的文章中，介绍了他们如何"发动亲情做好劝解工作"。具体做法是："通过人脉梳理，全面、具体地掌握了龙岗村整个人员基本情况和社会关系情况，抽调了在县有关部门工作的龙岗村党员公职人员，利用亲情友情关系，下村到户做法制宣传和维稳工作。起初，有些公职人员面对同村甚至亲属，出现了怕得罪人、怕惹事的思想，面对此种状况，县领导逐个找到有思想顾虑的同志谈心做工作，消除了部分同志的顾虑、打消了一些同志'甩包袱'的念头，工作的合力、凝聚力和战斗力得到进一步加强。"（刘闯 2009）

　　在华镇事件中，地方政府广泛运用了关系控制回应法。D 市工作组开赴华镇之后，首先从事的工作就是全面掌握华镇的基本情况。在市领导 C4 向我提供的工作组所搜集的材料中，包括：（1）华镇自然村老年协会的负责人及骨干名单，在名单中特别标出了那些从行政事业单位退休的人员；（2）华镇所有的退休干部名单；（3）在 D 市各个系统工作的黄奚籍干部一览表；（4）曾在黄凡和黄奚工作过的班子成员名单；（5）华镇党支部基本情况；（6）华镇行政村村民委员会组成人员名单。

　　其次，工作组记录了在搭棚区活动频繁的人员。在历次工作组会议上，市委书记和市长反复强调要"进一步摸清主要的活动分子，并收集掌握这些人员的亲属及其社会关系"，"要把棚内老人的安全责任问题压到当地村干部、老年协会、亲属身上"（《5 月 6 日工作组工作情况》、《近日工作组工作进展情况及下步计划》（5 月 3 日））。工作组制定的《棚内人员亲属名单》是这样记录棚内人员与公职人员的关系的："五村 GYX：NJ 水库副局长（LHE 的大伯女婿）；PY 村 LDF：黄凡镇供电所职员（YG 的侄儿）；二村 WWB：黄奚小学政教处主任（母亲 WXG、妻子也经常到棚）；WHJ：黄奚小学教师（母亲 FJ 经常在棚）；三村 WRL：LS 水库职员（母亲经常在棚）①；YMY 村 WKY 夫妇：经常讲一些煽动性话语，在 YMY 村老年协会边开了一家代销店（需要工商部门配合做工作）。"

再次，责成棚内人员在政府部门、企事业单位工作的亲属回家做工作，调集华镇籍干部作进村入户的先锋。华镇镇干部 C23 说："我们这里只要在 J 市工作的，全部要回到这里来。像我哥哥当时在 J 市检察院工作，他也是回来的。只要是华镇的人，在 D 市工作的，全部都回来了。在华镇当过干部的，也都回来做工作。"（C23，2007 年 6 月 25 日）村干部 V4 也提道："如果工作组有亲戚、朋友在棚里，由工作组的成员去做。工作组的成员，有的被批评，有的被训哭的。一个招商局副局长，因为阿姨在棚里，被暂时停止了副局长的工作。"（V4，2007 年 4 月 13 日）曾积极上访的 V12 说："比如你有儿子在县里工作，他会叫你回来，你父亲工作做好了再回到单位。"（V12，2007 年 5 月 24 日）

第四，实行"人盯人"的工作方法，做好重点人员的转化工作。根据《五村工作组名单》显示，黄奚五村的工作组是由两位副市长领导的，有 48 个组员，分成 9 个小组，以"人盯人"的方法，针对 50 个在事件中起核心作用的村民做工作。在西村，工作组成员也有 36 人，分别负责 22 个积极村民的思想工作。对于那些特别核心的人物，主要领导还亲自上门做工作。如市委副书记 X 曾专门找在抗争中管经济的 WRF，"耐心地进行劝说，进一步表明市里惩前毖后的态度，并就下步如何处置关停的化工企业设备搬迁、移棚、拆棚等进行了沟通。整个谈话效果较好，WRF 本人的

---

① 括号中的人员是在棚区活跃的老人。

态度有一定的扭转"（《近日工作组工作进展情况及下步计划》，2005 年 5 月 3 日）。P3 在搭棚一开始就跑到北京去找媒体，他说："我当时在北京，市长 F 给我打了无数电话，晚上 3 点都打，那时候他可能整个晚上没有睡觉。"（P3，2007 年 6 月 3 日）P3 从北京回来后被拘留，在"4·10 事件"发生后得到释放，他说"我出来那天，市长、副市长等都到我家里来（做工作）"（P3，2007 年 5 月 31 日）。

第五，通过纪律规定对工作组成员及其他党员干部施加压力。镇政府分别于 2005 年 4 月 3 日和 4 日，针对各村党支部、村委会下发了《关于做好桃源工业功能区有关工作的紧急通知》、《关于重申在解决桃源工业功能区问题中有关纪律的通知》。两份文件均要求各村两委会、自然村负责人、全体党员干部，必须发动亲属、家人和其他社会成员一起做好规劝工作。如因没劝离发生意外的，由各村两委会、自然村负责人及其直系亲属负全责。另外，如村两委会成员、自然村负责人不旗帜鲜明地开展工作，将依法依纪追究其相应责任，该处分的处分，该停职的停职，该撤职的撤职。情节严重的，直至追究法律责任，绝不姑息。2005 年 5 月 16 日，D 市纪律检查委员会、组织部、监察局三部门联合下发《关于做好华镇地区社会稳定工作的纪律规定的通知》，再次规定干部必须做好劝阻亲属工作："市机关各部门、各镇乡（街道）及有关村支部、村委会的党员干部要积极主动地做好亲属的思想工作，带头配合市委、市政府做好恢复正常社会秩序工作。"最后还强调："自本规定下发之日起，若继续违法违纪的，或劝阻亲属消极不力的，将视情况给予组织处理和党政纪律处分，直至开除公职和开除党籍，触犯法律的，将移送司法机关依法予以惩处。"亲属朋友积极开展工作，也可以成为要求宽大处理的重要根据。2005 年 4 月 15 日，LZ 村总支和村委《关于要求对 LZ 村 LZB、LHJ、LFZ 取保候审的报告》，其中要求道："市政法委、各有关部门：鉴于 LZ 村 LZB 等三人在刑拘期间，其家属、亲朋能积极参与主动配合村委拆搭建物，并主动劝回滞留人员。希望上级领导给予从宽处理。"

最后，对那些有固定工资的抗争者，地方政府不是通过社会关系做情感工作，而是直接让相关单位去做思想工作。作为动员结构的老年协会，其会长、副会长以及理事多为退休干部或退休工人，这些人员的工作则由相关退休单位负责。比如时任黄奚总村老年协会会长 WRX，是卫生局退休人员，一份思想工作分工表明确规定 WRX 的思想工作由卫生局负责；西村的老年协会会长 XCL，是从商业局饮食服务公司退休的，分工表显示他的思想工作由养老处负责。但事实上，积极参与搭棚抗争的群体是由那些经过自我选择的个体构成的，也就是说，他们绝大多数是那种一没有固定工资，二没有近亲端着"铁饭碗"的人。所以，通过相关单位直接施加威胁的作用很小，地方政府主要依靠人情做情感工作。V12 有退休工资，儿子也有工作，他之所以敢于介入抗争，是因为他的儿子在福建工作，他的退休工资也是从福建寄来的，他说，"如果不是这样，我根本不敢参与的，一句话都不能说的"。V12 还说，"我们这里，老师几十个，都没有来参与的，都不闻不问的，心里是同情的，但嘴巴都不敢说的。这样，凡是工人和老师，特别是老师，他们都不敢参加"（V12，2007 年 5 月 24 日）。

通过人情与关系做情感工作具有一定的优势。熟人关系至少可以解决工作组成员的"进场"问题。如黄奚村籍镇干部 C31 说："我们去，打是不会打的，骂也骂得轻一点，（他们）就是说这些事情，你们不要来管了。假如说不是我们去的话，那至少香是要点起来的，要拜你的。其他干部去，不认识的话，都是会拜的。"（C31，2007 年 6 月 25 日）C23 也是黄奚村人，同时在镇里谋职。他透露："有时候镇里干部被村民围着出不来，也要打电话给我们，让我们去救他们，有时候晚上十二点都要去。我们去也不一定能解决问题，有些关系好的、讲道理的，就好解决。"（C23，2007 年 6 月 25 日）

但是，与抗争者具有熟人关系（如同村人）或弱关系（如原

126

镇干部）的工作组成员，普遍存在忠诚问题（commitment prob-lem），他们经常陷入两难境地，感到左右为难。家住黄奚村的镇干部 C21 说："我们去做工作也是违心的。"（C21，2007 年 6 月 26 日）"我们当时很为难，很为难的，压力很大。我们去拉车，老百姓骂我们叛徒。像我们这样帮政府讲话的，都被骂成叛徒。按道理，你应该为本村服务，化工厂放在这里，这么臭，你们都不管？村干部去做工作也会被骂做叛徒，像我们是比较为难的。"（C23，2007 年 6 月 25 日）市委书记任命的黄奚五村支部书记 V4 说："我们工作组的成员，上门做工作，到棚里做工作最难了，被老百姓骂。一个自己家老人，我前去做工作的话，老人说：'你不要叫我，我们无所谓，我们还能活几天，关键是为你们！'我也觉得很羞愧。"（V4，2007 年 4 月 13 日）镇干部 C31 说："我们住在这里，也觉得化工厂的污染太严重了。但是我们拿的是政府的钱，我们是不好说的。我们也反映过，要解决。镇政府也想解决，但是他们没有权解决。镇里也向市里反映的，化工园区是市里建立的，它肯定不肯解决的。"（C31，2007 年 6 月 25 日）这些左右为难的工作组成员，只好用各种方法逃避上级的惩罚，如 P4 说："我碰到好几批，躲在村外的凉亭里面。我问他们，你们为什么在这里啊？他们说在镇里面，上级会说你们还不下去做工作，到你们村里面，你们老百姓骂，没办法做工作。我们干脆在这里玩一下，下班了回去。"（P4，2007 年 6 月 23 日）V1 也说，工作组成员说是去搭棚区做工作，实际上是"在老远的地方，岔路口站了一会儿，就算去了"（V1，2007 年 6 月 3 日）。

除了依靠工作组成员的人情关系，地方政府一直希望能运用有威望的退休老干部的人脉做情感工作。但是，这些退休老干部同其他村民一起遭受污染之苦，对做抗争村民的情感工作也缺乏热情。V13 是西村最有威望的老干部，他退休后回到村里建立了老年协会，带领村民修了村庄大道，受到村民的尊敬和爱戴。4 月 8 日，J 市市委副书记找 V13 谈话，让他出来做群众的思想工作，V13

127

说："黄奚村民几年来因为化工厂的污染，身体受苦，农作物受损，多年来多次上访不能解决。村民起来搭棚，目的不是反党反政府反社会主义的，而是用这个形式、方法要求政府解决这个问题，因为上访没有用。对我来说，我是同情他们的行动的，但是支持参与我没有。他问我该怎么办，我说只有把化工厂搬了。他又说我是老同志，在群众中有一定影响，要去做群众工作。我说我作为党员和退休干部，是具有双重身份的。一方面我要对党和政府负责，要服从上级的决定，党和政府作出了正确的决定后，我要拥护决定，并且向群众宣传，做好群众的思想工作；另一方面群众的利益和要求我是要讲的。"（V13，2007 年 4 月 25 日）

村干部对做情感工作的忠诚度也不高。我在第三章已经提到，那些通过抗毒反贪口号上台的村干部，背负着选举承诺，不愿意也不敢为政府做抗争村民的思想工作。其他村干部，也因害怕被贴上叛徒的标签而临阵退缩，正如市领导 C4 在 4 月 5 日早上工作组会议上提到："头天村干部会出来做工作，但第二天就不敢出来了，一定是受到了一定程度的压力威胁。"尽管市镇两级政府多次通过出台规定、开动员会，要求村干部积极做工作，并规定"如村两委会成员、自然村负责人不旗帜鲜明地开展工作，将依法依纪追究其相应责任，该处分的处分，该停职的停职，该撤职的撤职。"但是，这些规定并没有起到多大的作用。村干部不但没有起到多大的劝阻作用，甚至在一定程度上起了反作用。如有一次 J 市和 D 市的领导到西村开现场会，村长 V5 被要求讲几句。V5 认为自己是"人民代表，人民村长"，他说："化工厂的事情，市政府成立了工作组来我们村做了工作，他们也很辛苦的。但是，化工厂对我们西村的损害最大。市政府办企业我们是欢迎的，但是你们不能损害人民的根本利益。你们环境做得好，我们没话说，但是你们环境做不好，老百姓是要起来反抗的，也不是有组织的，都是自发的。你们环境不搞好的话，有你们化工厂，就没有我们村，有我们村，就没有化工厂。当时说完后，老百姓都喊，讲得好，讲得好。市政府说，你怎么讲话的，怎么叫他们去闹事的。我说，我帮你们讲一点，也要帮他们（老百姓）讲一点。我只帮你们讲话，你们跑都跑不出去了。"（V5，2007 年 6 月 6 日）

关系控制虽然经常被地方政府用来应对集体抗争，但其效果受到第三方人情储蓄大小与地方政府实际控制力的影响。当第三方与抗争者之间具有强关系时，这一关系对抗争者的约束效果十分明显，因为抗争者不愿看到与自己有着强关系的第三方，因其抗争而受到牵连，而第三方也会因没有做好同自己有着强关系的抗争者的思想工作，而受到政府的严厉惩罚。但是，抗争群体是由高度自我选择的个体构成的，大多抗争者没有可被政府直接控制的强关系。抗争者与政府动员的第三方之间，往往只是一般的熟人关系，甚至是弱关系，这对抗争者和第三方而言，均是一种义务的豁免。因为，政府没有理由因第三方工作不力给予很大的处罚，而抗争者也没有义务保护第三方免受惩罚。所以，我们会看到工作组成员普遍存在忠诚不足的问题，看到抗争者可以不顾人情，拒绝与工作组成员达成社会交易。另外，抗争者也不愿轻易服从工作组成员的人情压力，因为臣服于这一人情压力，意味着可能受到来自抗争群体更大的人际压力[1]。那些最有可能与抗争者达成社会交易的有威望的退休干部和受欢迎的村干部，政府却对他们没有足够的控制力：受欢迎的村干部一般是民选出来的，有威望的退休干部在品行上均让地方政府找不到惩罚的理由。因而，地方政府不能迫使这两个群体去做抗争者的情感工作。

## 妥协应对

地方政府在做情感工作时，需要作出相应的妥协，提供一定的激励，使抗争者产生满足感，从而解除抗争动员。但是，妥协常导

---

[1] 这一点读者可以从上一章的"惩叛徒"抗争剧目中感受到。

致更大的动员。当抗争者发现政府越来越回应他的诉求时，他会希望得到更多的满足（Tilly 1978，p. 133）。而政府所做的微小的妥协，是对自身不具合法性的宣传，但这一妥协又不足以改变合法性不足的局面，这引导抗争者要求政府作出进一步的妥协（Goldstone and Tilly 2001，p. 189；Rasler 1996）。在华镇事件中，地方政府从微小的妥协开始，结果"越退越多"，"退得一塌糊涂"（C21，2007 年 6 月 26 日）。

在"4·10 事件"爆发前，D 市政府已经通过各种决定，以妥协的方式回应农民的搭棚抗争。2005 年 3 月 25 日，也就是在搭棚后的第二天，针对农民提出的环保补偿问题，常务副市长组织相关部门开会，明确了补偿方案，成立了补偿领导小组，市环保局还安排执法人员，对桃源工业园区展开 24 小时不间断巡逻。4 月 1 日晚，鉴于设障、拦路事件仍在继续，村民群情激愤，企业生产物资不能到位，产品不能外运，市政府又出台了《关于对桃源工业功能区企业实施停产整治的决定》，要求所有企业自 4 月 2 日起停止生产（《3 月 24 日以来华镇黄奚村部分村民在桃源工业功能区拦路情况的处理汇报》），同时筹集 40 万元作为环保补偿资金。4 月 4 日，理赔小组重点对黄奚一村、五村、西村等村的土地进行调查核实，各村申报被污染土地面积达 3000 多亩（《D 市华镇部分村民妨碍企业生产秩序续报》，2005 年 4 月 4 日）。4 月 6 日，D 市政府下发《关于进一步做好桃源工业功能区工作的若干意见》，提出了十条意见：（1）建立功能区环保监管体系；（2）成立环保义务监督小组；（3）开展功能区环保普查；（4）严格环保验收程序；（5）做好环保补偿工作；（6）建设防护带；（7）加强河道整治；（8）改善农民饮用水条件；（9）加强交通道路网络建设；（10）实施村级财物公开。这十条意见可以说比较全面地回应了农民当时的诉求。4 月 6 日下午，工作组召开会议，就十条意见形成了 10 个相应的工作小组，市工作组组长在会议上要求"各个工作组不得有误，财力、物力集中，全面启动"。

"4·10事件"给予抗争者很大的道德资本，在道德上失势的地方政府，只好采取更大的妥协，以平息农民心中的怒火。"'4·10'后，老百姓占了优势，满足老百姓提出来的要求"（C30，2007年6月18日）。4月14日，华镇成立了"环保义务监督小组"，召开了第二次环保补偿小组成员会议，出台了《桃源工业功能区环保补偿细则》。4月15日，D市政府责令YS公司、HH厂停产，并注销两企业的工商执照。4月17日，D市政府制定了《D市华镇桃源工业功能区环保整治实施方案》，成立了环保整治工作领导小组，主要"协助专家组做好桃源工业功能区内相关企业的环保论证工作；为专家组提供相关企业的技术性数据；为专家组开展论证工作提供各项服务工作；贯彻落实专家组提出的整治意见"。D市政府邀请10位专家分成5组，对5家化工企业进行论证，每组有1名村民代表相随。从4月17日到24日期间，理赔小组还通过勘查核实，对34个自然村农作物受污染情况进行初步调查。4月30日，根据省环保专家的鉴定结论和省环保局的意见，D市政府依法责令M公司、GT厂、DC厂3家企业关停，责令D公司、WN公司、黄奚造纸厂等3家企业停产整治。停产整治的三家企业被省环保局认定为很难达到环保要求，这些厂的企业主后来也"自愿"选择了异地生产。从5月11日开始，各企业开始拆卸工厂机器。

"4·10事件"后，地方政府不仅在环保问题上节节败退，也对农民过激的抗议行为步步妥协。事件发生后不久，市长F到黄奚片开群众见面会时，当众下跪（C5，2008年4月30日；C7，2007年7月17日），这对农民来说是一个极大的妥协，使他们从恐惧中解脱，坚信4月10日中的反击是正义的。为了能将被砸毁烧毁的汽车拉出，地方政府被迫与村民达成协议，将4月6日前后拘留的8位村民中的7名释放。还处羁押之中的是P3，后来也在农民的强烈呼吁下获释。4月25日，GT厂厂长的妻子遭到村民长时间审问，黄凡镇派出所却表现出爱莫能助的姿态（见第四章）。4月30日，上千名村民去抄"叛徒"家，D市市委副书记X在次日的讲话中说："市里的态度，认为这件事情是属于人民内部矛盾，公安部门、工作组都建议尽量少抓人，尽量进行挽救。因为打击、抓多少人，这不是我们的目的。我们的目的是，老百姓的安康幸福。通过强有力的思想政治工作，深入做好群众的工作，努力转化顽固分子。"（X，《在华镇村干部大会上的讲话》，2005 年 5 月 1 日）。5 月 6 日，市长 F 还强调："对那些参与环保诉求有过激行为，但没有参与打砸抢等重大违法行为，现在又能站出来做好协助工作的人，政府可以不追究他们的法律责任。"（《5 月 6 日工作组工作情况》）

132

从以上列出的事实可以看出，政府的妥协并没有解除动员，反而提高了抗争动员。华镇镇领导 C8 认为"政府（责令所有工厂停产的）文件出来后，马上反映政府让步了，搭棚的人多起来了，（这是）棚不搭不理赔的错误思想作怪"（C8，2005 年 4 月 3 日晚工作组会议）。另外，地方政府当时仅承诺拿出 40 万作为污染赔偿金，这个"补偿方案的出台，反而使百姓伤透了心，受灾这么严重，（平均下来）一人才拿到几块钱的补偿"（V1，2007 年 6 月 3 日）。针对政府提出的 40 万补偿，老百姓甚至干脆说"我们出 400 万让这些工厂搬走"（C21，2007 年 6 月 26 日）。所以，村民搭棚后政府所作的微小妥协，一方面使农民感到极大的不满；另一方面也让他们看到抗争可以带来相应的政府回应，因而继续搭棚，将抗争当作一种资源，同政府讨价还价（参见 Lipsky 1968）。工作组成员在做思想工作时也感到"（村民）组织是严密的，反应很快，我们（一让企业）停产，他们就把'还我土地'（的传单）贴出来了"（CSL，2005 年 4 月 3 日晚上工作组会议）。地方政府给一些污染严重的农户先提供了一些补偿，但是"由于受搭棚影响，西村 WYH（对）2004 年苗木污染补偿款 2000 元嫌少，于 4 月 29 日上午由原代领款人西村村主任 V5 送回"（《落实市政府对桃源工业功能区若干意见的情况汇报》）。4 月 30 日，省环保专家得出环保结论，3 家企业被处以关停，另 3 家企业遭停产整治。但在 5 月 3

日，搭棚区却出现了给市委书记"送终"的反抗高潮，因为省环保专家的鉴定结果，是对 D 市政府先前行为不具合法性的宣传。5 月 6 日，村民贴出了《强烈的要求，人民的呼声》的大字报，提出了更多的要求："（1）严惩给党和国家抹面丢脸的贪官、制造 D 市'4·10 事件'的总指挥、镇压人民群众的刽子手——T 及其爪牙；（2）彻底铲除在华镇桃源的所有毒厂；（3）决不允许任何机关抓走为华镇反贪抗毒而正义战争的老百姓。保持华镇社会稳定，维护华镇平安和谐；（4）恢复黄奚镇人民政府，推动黄奚各项事业的迅猛发展；（5）恢复华镇高级中学，为华镇教育事业重整旗鼓，创造良好条件，造福华镇人民。"

133

## 密集宣传

宣传是情感工作的基础。在华镇事件中，地方政府的宣传主要包括务虚宣传和务实宣传。务虚宣传是一种意识形态的宣传，目的在于强调党和人民在利益上的一致性，塑造政府亲民的形象。而务实宣传主要包括对政府最新决定的宣传和对法律法规及公安通告的宣传。务虚宣传是为了使脱离群众的地方政府重新联系群众，获得群众的理解；对政府最新决定的宣传（即妥协），则主要是为了让农民产生满足感；对法律法规和公安通告的宣传，是为了让农民了解抗争的法律后果，使其产生恐惧感。

在整个华镇事件中，地方政府下发了各种决定、通知、法律条文选编等。这些文件主要分为四类：（1）地方政府关于桃源工业园区环保问题的处理决定，如《D 市人民政府关于对桃源工业功能区内工业企业实施停产整治的决定》（4 月 1 日）、《D 市人民政府关于进一步做好桃源工业功能区的若干意见》（4 月 6 日）、《D 市人民政府关于对桃源工业功能区企业实施环保整治的决定》（4 月 15 日）、《D 市人民政府关于对 M 公司等 6 家企业依法予以关停、停产整治的决定》（4 月 30 日）等；（2）规劝抗争者的公开

信、倡议书、通告等，如《致华镇人民的一封公开信》（4 月 3
日）、《致家长的公开信》（4 月 4 日）、针对团员、妇女、老人的
《倡议书》（4 月 4 日）等；（3）针对干部、抗争者的纪律、法律
宣传，如《关于重申在解决桃源工业功能区问题中有关纪律的通
知》（4 月 4 日）、《D 市公安局通告》（4 月 6 日）、《法律宣传资
料》等；（4）作为临时的、综合宣传工具的《华镇宣传特刊》
（共 8 期）。

134

政府主要采取了四种渠道对各种文件进行密集的宣传：（1）下
访宣传，即工作组成员到农户家宣传，如华镇工作组组长在 4 月 6
日下午 1 点半工作组会议上强调："公开信、第二封公开信、倡议
书都要发下去，千方百计地发下去，发到每个村户，行政单位都
发，不留死角。"据官方统计，"4·10 事件"发生前，工作组走访
农户 4093 户次，直接访谈 9277 人次，分配和张贴各种宣传资料
39590 份（单昌瑜 2005）。（2）会议宣传，如"4·10 事件"发生
前，工作组先后召开了华镇各村两委会会议、党员大会、村民代表
会、老年骨干会、菜农骨干会等各种会议 135 次，参会人员达
5692 人次（单昌瑜 2005）。（3）张贴宣传，如市政府要求"工作
组同志与镇村干部在各村显眼的地方张贴市政府环保整治决定，以
扩大群众的了解面"（《近日工作组工作进展情况及下步计划》，
2005 年 5 月 3 日）；（4）媒体宣传，地方政府在华镇事件中建立了
电视、广播、报纸三位一体的宣传网络。

这里必须重点提一下广播这一重要的宣传媒介。首先，在华镇
事件发生前，华镇的各个村庄的村户大多安装了广播，更重要的是
村里还装有多个高音喇叭。比如黄奚村六个自然村总共安装了 30
个高音喇叭，基本上每个角落都能听到广播声（P10，2007 年 5 月
28 日）。这些基础设施为华镇事件中的广播宣传提供了便利。其
次，通过高音喇叭所开展的宣传具有强迫性，农民可以不看电视，
不读报纸，不看政府张贴的告示，不接见工作组成员，但是不能不
听通过高音喇叭开展的宣传。再次，因为搭棚现场基本处于无政府

状态，棚区成为工作组成员的心棚，是面对面情感工作的死角，所以当时地方政府十分依赖广播，对搭棚现场进行宣传；最后，广播是一种局域性宣传，可以将宣传限制在一定区域，而报纸和电视的宣传是无法如此有效地控制受众面，这满足了地方政府不愿外扬家丑的需求。镇广播站的一位工作人员说"从搭棚开始，一直到化工厂拆迁结束，我们一直很忙"（C26，2007年5月30日）。"4.10"前夕，广播从早到晚都在播放政府的各种公告、决定、倡议书等，另外还有两辆流动宣传车穿梭于各个村庄。"紧张的时候，广播五分钟叫一次。特别是9号那天，从早上五点开始叫到晚上十二点"（P10，2007年5月29日）。"4·10事件"后的几天，"广播每天从早上六点钟到傍晚六点，播第一号通令，第二号通令，说我们犯了错误要悬崖勒马，回头是岸，我们听了很烦，都要把广播敲掉了"（V8，2007年4月22日）。P10也认为很多村民对政府当时的广播宣传很反感，"想把广播砸掉"（P10，2007年5月28日）。

宣传政府的环保决定，是为了激发群众的满足感。在"4·10事件"之前的宣传过程中，市委书记T多次强调在处理环保问题上"必须仁至义尽"（2005年4月2日中午工作组会议，4月3日晚工作组会议）。地方政府后来采取了"4.10行动"，也是因为政府觉得"工作已经做到仁至义尽了"，所以"有点下不了台了"（C13，2007年5月23日）。地方政府在"4·10事件"后对农民作出了彻底的妥协，但农民的抗争热情依然高涨，所以政府在5月9日的华镇特刊上强调，"群众环保诉求满足后应尽快恢复正常生产生活秩序"，并以"是到了该结束的时候了"为题，让几个村干部和退休干部围绕这个主题发言。一个退休干部说："现在政府作出的决定，已满足了群众提出的环保要求。我们国家是法治社会，求稳定求发展是我们共同的目标，做任何事情都有一个度，应适可而止；特别是一小部分人应扪心自问，你们这样做，究竟会得到什么好处？"黄奚村村委会主任也在文中说："现在市政府已拿出了解决桃源工业功能区环保问题的具体意见，群众的环保诉求已得到了相应的应对，我认为这一事件到了该了结的时候了，我们应该拿出实际行动支持化工企业的搬迁。对于其他的一些意见建议，应通过合理渠道有理有节地进行反映，相信政府也会给予解决的。"

宣传法律法规、声称将严惩违法分子，是为了引发抗争者的恐惧感。如华镇工作组组长在4月2日上午会议上说："要加大宣传力度。政策、有关法律法规要做到家喻户晓，通告到每个村张贴，镇里进行广播，向这些村进行宣传。通过宣传使大多数村民认识到这种做法是偏激的，参与这件事是违法的。"又如，在

4月6日D市公安局下发的《通告》中提道：

> 严厉警告别有用心的人，如继续在背地里散布谣言、蛊惑人心、煽动不明真相的群众聚众闹事，是不会有好下场的。若要人不知，除非己莫为；天网恢恢，疏而不漏，等待你们的将是法律的严厉制裁。正告那些不明真相、被人利用已经实施违法犯罪行为的人，抓紧悬崖勒马，配合政府做好工作，消除影响，减少危害，这是唯一正确的选择。同时要积极主动地向公安机关投案自首、讲清问题，争取立功赎罪、宽大处理，否则一切后果自负。

地方政府即使在道德上最失势时，也在表达打击挑头分子的决心。市委副书记X在5月1日的讲话中说："同时，也在这里表明态度。环保决定宣传到位后，不允许事态再扩大。市里坚决依法办事，依法打击，决不能让那些打着为民说话的旗号、发泄对党和政府不满情绪的顽固组织者再为所欲为。严厉打击违法犯罪分子这一点，绝不放弃。决定下去后，还在组织的要打击。要争取大多数，尽量缩小打击面，这也是一贯的方针，争取大多数回心转意。"镇干部C21认为法律宣传没有说服力，"像打人吓小孩一样，哪有这样做工作的，你们（政府）违法了为什么不说啊，第一个违法的为什么不抓"（C21，2007年6月26日）？工业园区的企业家V15

也认为法律法规的宣传没有多大用处："我们去讲话都是讲好话的，他们（前面几次拆棚）讲政策、法律、规定，没用的，老百姓不听的。还是要讲道理的。"（V15，2007 年 7 月 18 日）

接下来看意识形态的宣传。意识形态的宣传，首先体现在对中共传统群众路线的强调上。政府要求华镇工作组成员"进村入户、千言万语、千辛万苦、千方百计"地去做"过细"的思想工作，"哪怕是门难进、脸难看也要做"，必须"让老百姓知道政府的决定，要让政府的声音做到家喻户晓"（C4，2005 年 4 月 5 日下午 5 时工作组会议）。甚至在"4·10 事件"的前一天，市长 F 依然敦促工作组成员要"用心"去工作，"拆棚要拆心"，"心顺了才能拆好棚"（全体工作组成员会议，2005 年 4 月 9 日上午 8 时）。"4·10 事件"发生后，市政府还是"要求各工作组成员和镇干部放下架子、带着感情，带着解决当地百姓问题入村到户，耐心细致地做好群众的思想工作"，要像"母鸡孵小鸡一样，慢慢地把鸡蛋孵热，让小鸡出来"，"一定要把老百姓利益放在第一位，把群众发动起来，思想上的棚拆掉了才是真正把棚拆掉了"（X，《在华镇村干部大会上的讲话》，2005 年 5 月 1 日；《D市华镇"4·10 事件"工作进展情况》）。

另外，意识形态的宣传还体现在对政府与农民利益一致性、政府的亲民形象的强调上。华镇工作组组长在 4 月 7 日的广播稿中说：

> 近段时间来，一些群众要求解决桃源工业区周边环境问题，市委、市政府对群众的这种要求非常理解。在这里，我代表市人民政府诚恳地表明态度，群众利益无小事，万事民为先，百姓的事就是政府的事，为人民服务是共产党的宗旨，替群众排忧解难是人民政府的天职，人民政府与老百姓的利益是一致的，我们的共同目的都是促进经济繁荣、社会进步、人民生活水平不断提高。关于桃源工业功能区的有关问题，我们将

通过各种方式和途径，采取切实措施积极有效地加以解决。

5月2日华镇镇委镇政府下发的《告华镇全镇人民书》里也指出："对桃源工业功能区周边地区群众的环保诉求，上至中央，下至地方各级党委、政府非常重视。自华镇事件发生以来的一个多月的时间里，牵动着中央领导、牵动着省领导、牵动着J市领导、更牵动着D市领导和全体机关干部。"市委副书记X在5月1日召开的会议中也多次强调，"现在的政府是亲民政府"，反复表达政府对棚里老人安危的担心。

138

最后，意识形态的宣传体现在对农民爱国主义的教育上。市委副书记X在讲话中指出："小小一个黄奚镇，震动了全世界。据了解，国外记者到现场的有8批。国外有的媒体讲得非常难听，有的是说农民暴动，把一些百姓说成了暴徒。还有的说政府打死100多老百姓，他们不安好心，希望把这个事做大。特别是一些别有用心的国家，想转移视线。所以说，这个事不能再继续下去了，这不是一个黄奚的问题，是党的执政地位的问题，是一个祖国尊严的问题，是关于国家形象的问题。千万不要因为一个小小的黄奚影响了全国。有的国外媒体是不安好心的，我们要保持清醒的头脑。"（X，《在华镇村干部大会上的讲话》，2005年5月1日）

对处于抗争情绪之中的村民进行意识形态的宣传，往往适得其反。在不同的抗争阶段，地方政府和农民的力量对比不同，地方政府的宣传口径也有所不同。在"4·10事件"发生前，地方政府利用了更多敌对的话语和法律的话语，如在事件前的一份宣传提纲里，强硬的话语遍于全文："少数村民妨碍企业生产秩序"、"谣言惑众、煽动人心"、"非法设障、阻碍交通"、"扰乱秩序、妨碍公务"、"不听忠告、盲目跟风"、"妨碍教学、危及后代"、"影响安定、制约发展"。"4·10事件"发生后，地方政府的宣传更依赖民本的话语。前后宣传话语的不同，使得意识形态的宣传引起农民的强烈反感。一个村干部说："他们一进来就是打压，（说村民）是什么不法分子、刁民。后来又宣传依靠群众，联系群众，相信群众。最后越叫，越不好。"（V5，2007 年 6 月 6 日）P10 也认为这些宣传，在当时事实上起到了反作用，因为政府宣传策略不断摇摆，百姓屡有被骗之感（P10，2007 年 5 月 28 日）。

政府的各种宣传还必须同农民的抗争宣传竞争。为了"占领宣传阵地"（C22，2007 年 6 月 25 日），减少村民看到抗争宣传的机会，工作组成员往往一大早就出发去贴政府公告，撕农民的宣传。华镇一镇领导说："我连续着好几天都是 5 点钟出发的，我去的时候把他们的宣传撕掉，把我们的贴上去。"（C11，2007 年 6 月 25 日）另一镇领导也说："这些告示都是我到现场去贴的，一开始贴都贴不上去，（农民不让贴），而且还要来打你。我就像铁道游击队一样的，没有人的时候，'啪'地贴上去。"（C7，2007 年 7 月 17 日）要争取宣传阵地，就必须针对农民的抗争宣传进行反宣传。当村民在宣传坚持到底就是胜利时，村里出现了一张《坚持到底，就是胜利？——致王宅村民的一封公开信》，告诫村民坚持到底，不是胜利，要适可而止，否则必定遭殃。5 月 7 日又有人贴出一张题为《是谁把我推向深渊？》落款为"一位清醒过来的黄奚村民"的大字报，其中写道："通过这些天的观察和思考，我逐渐明白了，有少部分人仅仅是打着环保的旗号，他们还在背后捣鬼，一定是另有所图。想到这些，我不禁有些后怕，这样下去，我们的善心很可能会被人利用，如果再继续糊里糊涂地被人利用下去，前面将是万丈深渊，我已经站在悬崖边上，好险哪！还好，现在我已擦亮了眼睛。我认为只有环保问题是最大的问题，现在解决了这个问题，我已经心满意足，大家也要擦亮眼睛，不要再受人利用了，毕竟，我们还得继续好好地生活下去。"同样的内容以《我们应该到了清醒的时候了》出现在 5 月 7 日的《华镇宣传特刊》上。这样的反宣传，不管是真出自农民之手，还是政府假农民之名而作，在那群情激愤的情势下，其效果是苍白无力的。若以上两张大字报果出自政府之手，那也就无怪乎 D 市宣传部长会发出"改革开放那么多年了，谁去改革宣传部"（C2，2007年6月25日）的感叹了。

## 情难动众

地方政府的情感工作是否取得效果了呢？有些人认为在"4·10事件"发生前，工作组的情感工作取得了一定的效果。如退休干部V13在《"4·10"初步调查》一文中写道："4月6日，D市人民政府又发出《关于进一步做好桃源工业功能区工作的若干意见》，通过深入贯彻宣传，群众对市政府文件提出的十条整治意见是能接受的，表示欢迎的，群众的情绪逐渐稳定下来，围堵群众在减少，如我们西村只有几个人去了。9日早上已没人在棚里了，晚上只有一个80岁的老人。"村干部V4也认为："其实4月9日工作组已经动员得差不多了，离拆棚也差不多了，当时有十几个棚，在棚里的人也不多。"（V4，2007年4月13日）华镇工作组组长更是认为自己领导的团队所做的工作卓有成效，若没有因决策失误而引发的"4·10事件"，继续做思想工作，很快就可将抗争平定下去（C4，2007年7月22日）。与C4关系较好的桃源工业园的一企业家V15和Q村支书V6都相信，按照C4的"那一套"可以将群众安稳下来（V15、V6，2007年7月18日）。

但是，也有人认为，"4·10事件"前工作组的情感工作收效甚微，甚至适得其反。镇领导C13说："很多干部觉得不应该再去拆（棚），他们都觉得工作做得差不多了。我觉得工作根本没有差不多，因为那里随时有一个人根据一句话，就可以把整个村子搅起来。就像'文化大革命'一样，农民都被发动起来了。或者像现在买股票一样，人人觉得进去就是赚钱一样的。"[1]（C13，2007年5月23日）镇领导C7更是否定情感工作的作用，他说："市政府派了大量的工作组来，老百姓逆反心理了，你刺激他，

---

① C13接受采访时中国股市正处于疯狂的牛市。

他膨胀了。就像部队正面进攻，一进攻，老百姓就团结起来，就反弹了……（工作组）家家户户去走访，当天晚上就作出停产决定。结果这个东西一下去呢，反而引起老百姓的反弹……这么大的一个好处，反而成为老百姓讨价还价的筹码。"（C7，2007 年 7 月 17 日）因为他认为"群众情绪激烈，处于一种狂热状态，失去了理智状态，理性沟通已不能进行。这时我们却召开大量的会议，下发大量的倡议书，强硬沟通。这时，用这种理性方法对待非理性的群众效果不明显，反而煽动起更大的情绪，违背了群体性事件处理'以冷对热'、'以静制动'的原则"（C7，《剖析黄奚事件》）。所以 C7 认为"她（C4）的方法是往上做给共产党看的"。

141

我们不能预知，如果"4·10 事件"不发生，地方政府是否可以以较小的妥协，主要通过说服和教育的情感工作方式消解抗争动员。但我们从这一章的分析中明确看到，地方政府在事件前后都面临情难动众的困境，而"4·10 事件"的发生，则使以建立在较小妥协基础上的情感工作去消解农民的抗争动员，成为不可能实现的目标。"4·10 事件"发生后，地方政府因面临着更加汹涌的农民抗争浪潮，同时承受着高层政府施加的压力，被迫作出了最彻底的妥协——搬迁所有化工厂。

## 小　结

本章探讨了为中国抗争政治研究文献所忽略的抗争回应模式：情感工作。Perry（2002）认为，在革命年代，中国共产党十分擅长运用情感工作，激发革命动员。情感方式之所以奏效，是因为中国主导的政治话语（儒家思想）强调社会关系与责任，所以群体排斥成为有效的情感规训方式。中共正是利用了这一心理机制，夯实群体团结，促成革命动员，获得了革命成功（p. 112）。时过境迁，革命时代情感工作成功的机制，被当今基层政府用来应对群体性事件。在应对集体抗争的情感工作中，关系控制依然是地方政府最重要的工作技术，与抗争者相关的人员往往被动员起来参加情感工作。那些具有群众基础的村干部、退休干部，是开展情感工作最合适的人选，但他们恰恰或与抗争者同一阵线，或因惧怕群体排斥，不愿背负"叛徒"恶名，难为"外情"所动。被地方政府动员进工作组做情感工作的公务人员或事业单位人员，往往只是与抗争者有着一般的熟人关系，与抗争者之间没有足够的人情储蓄，因而抗争者往往不给工作组成员面子，拒绝退出抗争。更为重要的是，对于抗争者来说，如臣服于工作组成员的人情压力而退出抗争，意味着将受到来自抗争群体更大的人际压力。所有这些，都降低了情感工作的效力。

142

除了关系控制，地方政府还通过妥协与宣传做情感工作。政府希望以较小的妥协解除农民抗争，但这却提高了农民对政府更大妥协的预期。地方政府还进行了密集的宣传，企图通过意识形态的宣传，重新在情感上联系群众，试图通过宣传政府在环保上的让步，使农民产生满足感，通过对法律法规的宣传，让农民产生恐惧感。但这样的宣传对处于对抗情绪中的农民来说，往往作用甚微，甚至适得其反。同时，在同农民的宣传竞争时，政府的宣传常不及农民的抗争宣传有力。最后，"4·10事件"的爆发，使农民对地方政府彻底失去了信任，单靠建立在较小妥协基础上的情感工作，根本无法解除农民的抗争动员。

# 第六章　强力控制

2005 年 4 月 10 日凌晨四点半，D 市五大领导班子全体出动，率领一支 1500 余人的队伍，抵达黄奚执行强制拆棚任务。竹棚很快就被拆完了，但政府人员在撤退过程中，与迅速赶到的农民发生了严重的正面冲突，官民双方均有大量人员受伤，另外有 68 辆政府方面的汽车被砸被烧。农民和当时执行任务的大部分官员都不曾预料到会有这个行动。

2006 年 1 月 9 日，J 市 L 市人民法院对 9 名 "4·10 案件" 的被告作出判决：在 8 名被判刑的农民中，3 名被告是在监狱内服刑的，另有 5 名被告因按地方政府要求写了悔过书，获得了缓刑。有意思的是，有一名被处以刑期的农民，因拒绝写悔过书而未获缓刑。这样的判决出乎华镇农民的意料，因为在打伤 104 名官员、破坏 68 辆政府汽车后，很多农民预计地方政府会展开大规模的以法控制。

正在如火如荼地做着情感工作的地方政府，为什么会突然转向大规模的强力控制？地方政府在处理 "4·10 案件" 时为什么又 "手下留情"？本章主要解释这两个意外。我认为，地方政府对权威受挑战的不容忍以及一把手负责制，是过度强力控制产生的两大原因。地方政府的情感工作不但没有让农民停止抗争，反而进一步动员了农民，这让地方政府感到权威受到了挑战，"下不了台"，因而采取了更大规模的强力行动。另外，一把手负责制使地方政府具有巨大的资源动员力，可以动员整个行政区域内的官僚系统力量，去应付某一集体抗争，这在客观上容易造成过度的暴力控制。地方政府因"4·10事件"对部分村民进行以法控制，但控制的力度小于农民的预期，主要是因为地方政府为了挽回失去的面子和权威，不得不进行以法控制；但地方政府为了挽回因"4·10事件"而失去的民心，又不能进行过度的以法控制。

## 警力控制

在 D 市市政府下派工作组之前，华镇镇政府会同市公安部门已经执行过四次强制拆棚。但是，每次拆棚都成为一次官民冲突的现场表演，激起了农民的愤怒。前面已有论述，抗毒反贪的联合动员框释就是在这个阶段提出的。特别是 3 月 28 日那天的行动，地方政府拆完棚后将毛竹、棉被和尼龙布就地烧毁，产生了极其恶劣的影响。镇领导 C7 说："28 号（烧棚），有人在借火煽动，说政府这么野蛮，多少钱被烧掉。然后他们还借着这把火，说黄奚村总村的书记怎么怎么样，借着这把火，把对干部的痛恨煽动起来了。火在客观上把整个村发动起来了。"（C7，2007 年 7 月 17 日）

华镇事件中的警力控制最集中地体现在"4.10 行动"上，这一行动出乎农民和大部分工作组成员的意料。2005 年 4 月 9 日那天，政府通过广播，以关心棚内老人安全为名，反复播放当晚将有雷雨大风并伴随大幅降温的天气预报，要求"棚内外滞留人员尽快自行撤离"。所以，那天晚上，在竹棚内守夜的老人很少。当时约有 15 个棚，每个棚里最多两三个人，村民也没想到那天晚上政府会去拆棚（C13，2007 年 5 月 23 日）。很多老人不在搭棚现场，还因为政府在做情感工作时，反复强调要先拆心棚，保证"绝对不会把棚拆掉"（V4，2007 年 4 月 13 日；C13，2007 年 5 月 23 日）。大部分工作组成员也没有预料到这次行动，因为就在"4·10 行动"的前一天，市长 F 还敦促工作组成员要"用心"去做工作，"拆棚要拆心"，"心顺了才能拆好棚"（F，2005 年 4 月 9 日上午 8

时全体工作组成员会议），大部分工作组成员也照着领导的话去做群众工作。但也有一些工作组成员预感到会有相应行动，因而在做工作时采取了更加委婉的方式。一个镇干部说："像'绝对不会把棚拆掉'这样的话，我是没有讲的。很多人这样的话都讲过，领导叫我们这样讲。但是凭我的感觉，这句话不能去讲了。如果第二天去拆棚的话，这个地方我更不能待了，那个时候自己也聪明起来了。这工作做不做得掉，现在也不是我们能力的问题了，我们也没有必要去显示这个水平，我们没这个水平的，领导在那里呢。"（C13，2007 年 5 月 23 日）参加"4·10 行动"的大部分成员未获得事先通知，很多人是在凌晨被叫醒的，以灭火演习、登山旅游、紧急开会等理由被召集起来。C13 说："我们不知道集中干吗，都不知道。我凭着自己的敏感性，觉得是这个事，但我什么都不说。"（C13，2007 年 5 月 23 日）

在几乎所有的农民和部分官员看来，"4.10 行动"是过度的强力控制。农民不但没有预料到 4 月 10 日凌晨政府会采取行动，更没有预料到地方政府会动用至少 1500 人的力量来执行这个任务。因而村民质问道："为了几个小小的竹棚，至于用四五千人①来拆吗？"（V8，2007 年 5 月 26 日）其次，政府执行此次工作时，做了充分的准备，派去了救护车，带上了催泪弹。一位市级干部说："他们救护车带去了四五辆，催泪弹带了 5 发，这不是去压制老百姓那是什么东西啊？"（C5，2008 年 4 月 30 日）。当然，也有一些工作组成员为"4.10 行动"辩护，认为 1500 人的拆棚大队，不是人太多了，而是人少了。如 C13 指出："我觉得要去拆，一定要半夜拆。别人说半夜去拆，是什么'镇压'之类的。但是人那么多，白天能去吗？去那么多人，是因为人多了不容易冲突，有一种气势在，是为了不战而屈人之兵。我认为人还是太少了。"（C13，2007年 5 月 23 日）

---

① 多数村民对拆棚大队人数的估计都在 3000 人以上。

那么，正在如火如荼地做着情感工作的 D 市政府，为什么会突然转向过度的强力控制呢？我认为有如下几个主要原因。首先，地方政府早期所做的情感工作不但情未动众，反使农民"得寸进尺"，这令地方领导"下不了台"，感到权威受到了挑战，因而采取了更加剧烈的行动。市领导 C4 说："当时为什么会采取这种措施［指'4·10 行动'］啊？因为两个主要头儿（市委书记和市长）认为，我们政府并没有什么错，这些企业都是经过环保认证的，也没有发生爆炸事故，而且企业也叫它们停下来了，农民为什么还要这样做［指搭棚静坐］?"（C4，2007 年 7 月 22 日）工作组在做情感工作时，市领导在一些内部会议上已屡屡表示，如果农民再无休止地"闹"下去，政府将采取强硬的行动。如在 2005 年 4 月 2 日下午召开的工作组会议上，市长 F 认为："要正确判断形式。现在进入第二阶段，即拉锯阶段，人员由少到多，组织由散到密，从趋势来看，从中心到周边。第三阶段，非强制不可，非拉下脸不可，非抓几个人不可。"在 4 月 4 日下午 4 时的工作组会议上，市委书记 T 也表明："无限制地闹下去，会出现严重后果，不可能无限制下去，不可能无政府。"平时少有对农民委曲求全的政府官员都认为，工作组做工作已做到"仁至义尽"了，而"做任何事情都有一个底线，现在已经是底线了"，"政府有点下不了台了"（C4，2005 年 4 月 6 日下午 1 点半工作组会议；C13，2007 年 5 月 23 日）。另外，抗争的竹棚长期存在，"影响不好"，"棚搭在那里，人散不掉"（C13，2007 年 5 月 23 日），这是政府无力维护社会稳定的表现。权威政府是不太容忍民众挑战它的权威的（Goldstone and Tilly 2001）。地方政府在与华镇抗争者的拉锯战中首先失去了耐心，农民对情感工作的"不领情"招来了地方政府更大规模的强力控制。

其次，一把手负责制使地方领导能够动员整个行政区域内的官僚机构力量，合力应对一起集体抗争；地方政府过强的资源动员能力，是过度强力得以可能的客观基础。D 市市镇两级政府在应对华镇农民的搭棚抗争时，"全市所有干部须服务这项工作"（C4，

146

2005年4月6日下午1点半工作组会议），"市里其他工作都没有办法开展，当时全部以黄奚为重点"（C20，2007年6月20日）。从图6-1有关"4·10行动"处置力量分布图也可以看出，参加"4·10行动"的部门包括：公安局、交通局、国土局、人武部、环保局、宣传部、城管、城建、妇联、医疗等部门，几乎囊括了所有行政部门。另外，这次行动的参加者基本是临时得到通知的，许多干部是在凌晨被叫醒的。在短短的时间里能召集1500余人组成拆棚大队，也足见地方政府动员能力之大了。

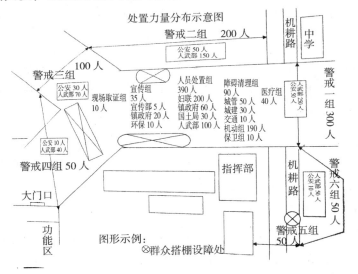

**图6-1　"4·10行动"处置力量分布图**

一方社会稳定虽为一把手负责，但一把手希望有风险的政治决定看起来是领导层集体决策的结果，所以D市政府在执行"4·10行动"时是五大班子倾巢出动。一位市干部说："处理突发事件的时候，市里领导、主要领导应该让公安局去处理，真的没有必要市五套班子都去，而且他们（市领导）还自己到现场去。现在交通、通信这么发达的情况下，你到市政府指挥就行了。把五大班子都压上去，他们不想自己承担责任，要承担责任就是每个领导都要承担责任。他们是这种策略。"（C5，2008年4月30日）"4·10事件"

后，市委书记 T 还经常在工作组会议上强调，"要统一口径，正面引导。在开展群众工作时，必须旗帜鲜明地讲清华镇'4·10 事件'的性质，必须讲清市委、市政府在处置华镇事件上的出发点是为了稳定，是为了当地群众的生命安全，是市领导集体的决定，也是依法行政。"（《5 月 6 日工作组工作情况》）

一把手负责制使一些重大行动缺乏协商与讨论。据一位市领导透露："黄奚事件是 4 月 10 日行动的，其实第一决策时间是 4 月 5 日。领导班子说一定要行动，我当时说不能行动。我看了这个架势不对，很简单的两个判断：第一，现在周围的村庄都在支持那个黄奚村，他们受到支持了，我们还能受到支持啊？共产党什么时候在这种情况下会胜利啊？我说至少要把周边村的思想工作做好，认为政府是在做正义的事情。第二，这个村里谁在闹事，为什么要闹事，你这个要弄清楚啊！到现在为止，我们谁在闹事，为什么闹事都弄不清楚，怎么可以贸然行动？所以，4 月 6 日就没有动，继续准备做工作。还有，这么大的一个村，你们贸然行动还能有胜利啊？"（C2，2007 年 6 月 25 日）但行动仅仅延迟了数日，地方政府在 4 月 10 日凌晨最终还是采取了强制行动。另一位市领导补充道："这个方案（'4·10 行动'方案）报上去的时候，公安局没有任何的盖章，也没有任何人签字。因为当时公安局他们有想法的嘛，他们没有看到过，就是市长 F 签了同意。太藐视老百姓了，他们认为这么多人去吓唬去压老百姓就可以压住了。"（C5，2008 年 4 月 30 日）所以，"在'4·10'后的工作组成员会议上，四级班子很多人说不知道'4·10'的行动"，V4 认为，"如果讨论一下，四级班子可能会反对，但政府太急于拆棚了"（V4，2007 年 4 月 10 日）。值得一提的是，作为一把手的市委书记 T，当时已升任 J 市市委常委、宣传部长，将于 4 月 20 日上任。估计 J 市市委要求他在上任前把华镇农民抗争的问题解决好，而将成为 D 市市委书记的 F 也希望 T 在任时将这个棘手的问题解决掉。在这样的背景下，党政一把手一拍即合，一致主张用大量的人马，一劳永逸地拆掉农民搭的抗争竹棚（C5，2008 年 4 月 30 日）。

这个过度的强力控制结果却失败了，引发了严重的官民冲突。政府方面在这次冲突中有 104 名官员受伤，68 辆汽车被烧被毁。一位在"4.10"现场的村支书向我简要描述了政府拆棚大队四处溃逃的景象：

> 政府的人撤不出去，用警棍也打不开，在黄奚中学的一些政府的人开始扔石块，群众也开始扔了。那时工业园区那条路还没有铺上水泥，地上全是鹅卵石。政府队伍中的人有的扔石头，有的走出队伍抓人，秩序开始乱了，在阵势上就输了，群众的士气更加高了。这时政府方面开始打催泪弹，群众有些很害怕，怕是毒气，但几个当兵的说："大家不要害怕，这是催泪弹，没有事！"这时，冲突开始升级，老百姓看到穿着制服的就打。政府行动小组成员纷纷脱掉制服，混入百姓中逃脱。有的虽然脱掉了制服，却忘记把编号的红袖章摘掉，依然被打。行动小组溃败，四处逃散。村民的士气更加高涨。后来，推倒了黄奚中学的围墙，开始砸车。村民们推车很有经验的，他们把一边的气放掉，车身倾斜，很轻易就把车给推倒了。所有停在学校的车都砸了，"4·10 行动"进入了高潮。政府方面的人员有的逃到山上，有的混入百姓中，有的躲在教室。这里有熟人的，让他们赶快送衣服来换上逃出去。停在中学的车中有一辆宝马，被翻了好几翻老百姓还不解恨。（V4，2007 年 4 月 13 日）

农民在这次冲突中受伤情况也很严重，有 200 多人有不同程度的受伤。尽管如此，农民觉得他们胜利了（V12，2007 年 5 月 24 日；P8，2007 年 5 月 27 日；P1，2007 年 6 月 27 日），前来观看的游客也觉得华镇人"很勇敢"，"很强大"，"4·10 事件"中的农民抗争被外媒称为是罕见的胜利（Watts 2005）。

地方政府虽然具有强大的资源动员力，可令各个部门的工作人员加入到拆棚队伍中。但是，我们从以上的描述可以看出，这些没有受过专业训练的普通公务人员，很容易制造一些不可控的因素，导致矛盾升级。没有哪个地方政府希望在应对集体抗争时出现流血冲突，在大多情况下严重的伤亡非政府有意导致的，而是在官民对峙时由难以预料的因素激化的产物（Cai 2008d，p. 28）。C13 说，"'4·10 行动'去了一千人，目的不是为了造成冲突的，是为了维持秩序，然后再做工作。他们（指领导）在车上都是吩咐过了，绝对要做到打不还手，骂不还口"（C13，2007 年 5 月 23 日）。而

这些临时被召集起来的、未经任何训练的公务人员，在执行这项特殊工作时，缺乏相应的经验，因而官民直面对峙时的互动难以控制。V4 说："我觉得如果'4·10 行动'那天，政府这边只要守纪律，不冲出去，是可以退出去的，老百姓一般是不会先动手的。"而且，矛盾一旦升级后，这些没有经过相关训练的政府官员，很容易失去秩序，四处逃窜。当然，这不是最重要的原因。

最重要的原因是，地方政府前期的四次拆棚以及后来开展的十天情感工作，早已把附近村庄的农民都动员起来了。而且，在半个月的搭棚抗争中，棚里棚外的人已经发展出极好的默契：鞭炮声响，附近村民立即涌向搭棚现场，声援在棚内的老人。尽管在真正执行"4·10 行动"前，地方政府还通过几次假行动这种"狼来了"的方式（宋元 2005），企图弱化农民利用鞭炮动员的效果，但是政府真正行动时，上万村民依然应炮声而至。所以 1500 人的拆棚大队之于不断涌来的村民，也很难像 C13 所说的那样做到"不战而屈人之兵"了。

"4·10 行动"不但没有控制住农民的抗争，反而进一步动员了农民，激起了更大规模的反抗。农民于 4 月 10 日当天下午开始重新搭棚，后来棚每日逐步增多，最多时近 30 个，有 22 个自然村参与搭棚。"4·10 行动"之所以起到这样的效果是因为：（1）超过维持秩序所需的、过多的强力控制会导致进一步的抗争动员

（Gartner and Regan 1996，p. 278）。"4·10事件"成为一次转折性事件（transformative event），激起了公众更大的愤慨（Hess and Martin 2006），对社会公众和抗争群体来说是一个突生的怨恨（White 1989；Loveman 1998；Wood 2003），具有极大的动员效果；（2）不具合法性的强力控制会进一步导致抗争的动员（如 Gurr 1969；Brockett 1995；Opp and Roehl 1990）。"4.10行动"被认为是不具合法性的，一村民质问道，"你们来拆竹棚的时候，带来警棍、钢盔、催泪弹是什么意思呢？为什么要三点钟偷偷摸摸来，为什么不光明正大地来？"（V8，2007年5月26日）另外，因为华镇农民搭棚抗争的主体是老年人，地方政府派了1500人去对付几十个老人，这在农民看来是极不人道的，如"4·10事件"后的一张大字报是这样写的："我们黄奚老人为天理，有几十个老人在这厂旁坚持正义。我市掌权魔鬼用了100多辆车骗来数千人员对付这几十个白发苍苍、骨瘦如柴的老人，用催泪弹轰，电棍打，用车碾。"（3）"4·10行动"的失败向农民展示了地方政府的脆弱，也直接鼓励了农民的进一步行动；（4）"4·10事件"后，很多参与事件的农民十分害怕，在4月10日下午重新搭棚，一方面是宣告抗争胜利；另一方面是为了展示政府的不义（P8，2007年5月27日），从而获得更多的谈判资源，尽可能地降低地方政府进行严厉的、大规模的以法控制的可能。

## 以法控制

地方政府在华镇事件的以法控制主要表现在以下两个方面：（1）"4·10事件"发生前刑事拘留8名村民；（2）在5月20日竹棚拆除后刑事拘留或治安拘留十余名村民，其中有9名村民被刑事起诉，于2005年9月8日在D市人民法院审判，后在北京律师的辩护下，案件被移送J市的L县级市进行异地审理，L市人民法院于11月25日再次审理，并于2006年1月9日宣判。

151

　　法律经常被地方政府用以作为控制集体抗争的工具。按现有的法律规定，大多集体抗争是非法的，抗争者处于十分不利的法律地位（Cai 2008d），容易遭到地方政府的以法控制。中国政法大学环境与资源中心诉讼部主任张兢兢认为："在农村发生的环境污染，不仅给农民的生活资料带来损害，对其生产资料也往往造成破坏。因为污染，农民失去了物质基础，不能从事农业生产，导致他们陷入赤贫。他们起来反抗污染时就容易引发冲突性事件。农民保护自己权利的彻底性比较强，他们不知道在维护自己一个权利的同时，已经触犯了国家刑事法律的规定。"（闫海超 2007）抗争者容易受到以法控制，还因为地方政府可以自由地解释抗争者的行为。如，在"4·10事件"后的以法控制中，一些村民被起诉的罪名一直在变化，一会儿是"故意伤害罪"，一会儿又是"聚众扰乱社会秩序罪"，一会儿又变成了"聚众打砸抢罪"（卢相府 2005b）。另外，法律规定往往十分模糊，如"聚众扰乱社会秩序罪"这一罪名，可以用来惩罚几乎所有的集体抗争者。

　　一些研究显示，以法控制能有效地约束集体抗争（Barkan 1984，2006；Earl 2005）。如 Barkan（1984）的研究指出，在美国南部的民权运动中，法律比暴力更能控制抗争。在政府采取频繁的拘留、高额的保释金、不符规定的诉讼程序、没有法律根据的禁令等策略的城市，民权运动不容易获得成功。在华镇，地方政府的一些官员也认识到以法控制的有效性，如一位镇干部说："有些农民，你抓去吓唬一下就行了。抓去，不打他不骂他，譬如找个地方关一下，抓给别人看。别人看了，（心想）那个人被抓走了，就不敢来了。其实就是换个环境蹲一下而已，农民都是怕抓的。"（C24，2007年6月13日）村民也认为以法控制具有很大的威慑作用："你一搭，他们就抓，抓个几百人也没有关系啊，如果我是当家主人，你把我抓进去了，还要被打啊什么的。比如你是我的女儿，你可能对我说，爸爸你不要去了，被抓进去，要被打的，判个几个月、一年的，只能自认倒霉。上次事件［注：'10·20事件'］，几个人一

抓，后面就不敢来了。"（P9，2007 年 5 月 27 日）

以法控制的有效性主要取决于行动的时机和双方的力量对比。在处理 2001 年 "10·20 事件" 时，地方政府进行了从快从严的处罚，起到了十分明显的震慑作用，当然也为后来的华镇事件埋下了隐患。但在应对农民的搭棚抗争时，地方政府没有像 2001 年那样采取严厉的以法控制。镇领导 C7 认为："3 月 25、26 日，公安不得力，不抓人。如果这个时候抓掉几个人，很快就压掉了。当时老百姓朦朦胧胧的，几个人在起作用，没有几个人回应的。"（C7，2007 年 7 月 17 日）其实，地方政府并不是不想采取严厉的以法控制，而是老年人搭棚的策略以及官方违法在先的事实，让地方政府难以实施以法控制。镇政府是希望 "用铁腕的手段，在萌芽状态下把抗争压掉的"，但是 "阻力太大，公安现在是很死地坐在那里。他们找不到理由，理由也在找。为什么会是这样的呢？因为确确实实土地是违法的，确确实实环保是违法的，自己违法在那里，所以硬不起来。当时不能用铁腕的手段，原因就在这里。毕竟现在是法治社会，老百姓现在就抓住土地违法、环保违法硬的杠子。如果当时一开始的时候，政府用铁腕的手段把它压下去也是可以的，当时没有惊动 J 市的领导，也没有惊动中央，也没有惊动外国的媒体，可以悄悄地压下去。"（C7，2007 年 7 月 17 日）不过，公安部门在 4 月 6 日前后进行了以法控制，刑事拘留了 8 位村民，但是用 C7 的话说，那时候已经 "太晚了"（C7，2007 年 7 月 17 日）。因为，到 4 月 6 日，农民搭建的抗争竹棚已经达到了 18 个，工业园区附近村庄的村民已经被动员起来了。与 "10·20 事件" 相比，此次被拘留的村民仍以年轻人为主，但这次抗争的主力却是老年人，因而农民的搭棚抗争并没有在多大程度上受到以法控制的影响。还有一个不同是，"10·20 事件" 中的暴力抗争反对的是预期的污染，而在华镇事件中，农民反对的是实际存在的严重污染，政府在做情感工作时的妥协又让农民看到通过抗争可以得到更多的好处，所以农民参与抗争的热情很高。即使有部分村民被拘留，也没有在多大

153

程度上影响他们的抗争意愿，更不会在多大程度上影响到棚内老人的抗争决心。根据 V6 的日记显示，4 月 6 日政府抓了 5 个人后，"村里没反应"。4 月 7 日黄奚村村内的宣传口号是"政府要拆棚、抓人不要怕"。"4·10 事件"发生后，地方政府为了能将在搭棚现场附近展览的 60 余辆被毁汽车拉出，被迫向村民妥协，于 4 月 14 日释放被刑事拘留的 7 名村名，后又迫于群众压力，于 5 月 4 日将抗争代表 P3 释放。

## 面子、民心与法

在华镇事件中，地方政府在基本平息集体抗争后，立即拉开了以法控制的帷幕。一方面，地方政府在应对农民抗争过程中威信扫地，颜面全无，为了挽回面子，树立权威，地方政府必须进行以法控制；另一方面，"4·10 事件"使地方政府失去了民心，处于道德劣势地位，为了挽回民心，它又必须限制以法控制的力度。

2005 年 5 月 20 日，农民搭建的所有抗争竹棚被拆除后，D 市公安局在当天就下发了《通告》，展开了以法控制的活动。《通告》称"（在）华镇桃源工业功能区'4·10 事件'中，少数不法分子煽动闹事、殴打公务人员、砸毁焚烧车辆、哄抢公私财物，造成了重大的经济损失和极为恶劣的社会影响，严重扰乱了社会治安秩序"，"为严厉打击刑事犯罪，维护社会治安秩序，保护国家财产和公民的合法权益，根据《刑法》、《刑诉法》等法律法规的规定，特通告如下：一、'4·10 事件'中少数不法分子散布谣言、煽动闹事、实施'打砸抢'的行为，是严重的刑事犯罪。公安机关将依法严厉打击犯罪，坚决制止不法分子的嚣张气焰，维护法律的尊严。二、敦促和正告违法犯罪分子要主动投案自首、坦白交代、退出被哄抢财物，争取宽大处理。对隐瞒罪责、逃避打击、据不投案自首的违法犯罪人员，公安机关必将依法予以从严惩处。"这则《通告》也的确引起了一些人的恐慌。

2005 年 5 月 23 日，村民 P11 接到一封属名为"我们一起的人"的秘密来信，信中表达了发信人的忐忑："自从 D 市公安局贴出公告后的第三天，我们内部的一个人就到公安局投案自首了，他把我们都出卖了。他把去年捐款、秘密开会到今年搭棚等等一系列事情都说出来了，连会放在谁家开，干过哪些事也一一坦白出来了。这样一来我也犹豫了，该不该去交代？如果不去交代，过了 6 月 5 日会不会对我们从严处理？"

但事实上，地方政府在实际执行时，基本采取了慎用"法力"的策略，以挽回因"4·10 事件"而失去的民心。在"4·10 事件"刚刚发生后，村民普遍认为会有大量的参与者会被逮捕（Markus 2005）。我在事隔两年后采访相关村民时，大多村民仍然认为，"要是'4·10'没有胜利，我们这些人都要去劳改"（V12，5 月 24 日），至少，"P3 肯定要坐牢的。他是'4·10'胜利后，人民要求将他释放的"（P1，2007 年 6 月 27 日）。"4·10 事件"发生以后，退休干部 V13 在一次会议上要求"抓进去的人立即释放"（V13，2007 年 5 月 24 日），后来政府也基本上做到了"'4·10'以前的事情不追究"（P4，2007 年 6 月 23 日）。在 5 月 6 日的会议上，市长 F 还强调："对那些参与环保诉求有过激行为，但没有参与打砸抢等重大违法行为，现在又能站出来做好协助工作的人，政府可以不追究他们的法律责任。"（《5 月 6 日工作组工作情况》）为了争取那些曾经在抗争中起主要作用的村民去做群众工作，地方政府对那些村民实行了"大赦"。镇干部 C23 说："V2、V11、V10 当时是要抓的，他们逃走了，后来叫他们回来做工作。"（C23，2007 年 6 月 25 日）V8 写给在外省避难的 V11 的信，也说明了地方政府为了挽回民心作出了很大的让步："在千钧一发之际，我也被牵连，不能自拔。幸运的是，有权威人士曾数次辩护、担保，直至最后经公安部专案组费尽心机，花了两个月的周密调查，查不出我的总幕后策划者的依据和线索，（调查才）以此罢休。（那位权威人士）曾向我作出解释，（要我）放下包袱，不要顾忌，（并）表示歉意。

对你的问题，你应明白，对你为此定案，作为整治打击对象，其根本原因是社会上的恶势力所为。直到今天真相大白，从你的出身、工作，经过认真仔细的调查，最后给你撤销了所罗列的煽动扰乱社会的罪责之案。你虽受蒙冤数次，经过反反复复的核查，定你是政治素质好、在群众树立良好影响的好党员。请你清除顾虑，不要在外，平安回家吧！"（V8，2005年6月12日致信V11）

除了挽回民心之需，地方政府慎用"法力"还因"4.10案件"获得了北京律师的支援。P5说，2005年12月8日晚，镇领导C6给她打了电话，"首先劝我们不要去发辩护词了，他已在法院帮我们说情了，要求法院对'4·10'案被告从宽、从宽、再从宽。以前有的部门是一定要对'4·10'案被告从重、从严、从快处理的。现在大家的意见已经比较统一了，都想对这些被告从宽处理了"（P5，《"4·10"案件被告WLP被冤枉经过》，p.78）。P5在写给北京律师的感谢信中提到："在北京律师义正词严的辩护作用下，J市方面不得不改变态度，派地方政府领导多次劝说被告家属妥协写'要求从宽处理报告'。并承诺，谁写了，谁的亲人就可以马上出来，并直言要给政府一个台阶下，家属拒绝了。J市方面虽然作出了错误的判决，众所周知这是他们为了面子的无奈之举。"P3也认为，"没有北京律师，他们肯定每个人被判3年以上，也不可能去L市（异地）审判"（P3，2007年7月15日）。

但是，地方政府在处理农民搭棚过程中颜面扫地，所以在慎用"法力"之时，必须对相关人员进行以法控制以挽回面子。但是，政府在施加以法控制前却面临"控制谁"的问题，因为过多村民卷入了"4·10事件"，并表现出勒庞所说的"乌合之众"的行为（Le Bon 1995）。正如P5说："4月10日那天天刚蒙蒙亮，政府派出了包括警察、各级政府部门干部2000多人来拆除竹棚，驱赶那些日夜守卫在竹棚里的老人。当时，我们这么多村民都看到了的，警察、干部见到村民就打，我亲眼看到一群警察围殴一个倒地的村民。后来，村民越来越多，起码有近万人，看到政府打人，大家愤怒了，就拣石块还击。警察就用警棍驱赶、殴打村民，他们还释放了催泪弹，当时我们村民还以为是毒气呢。最后，就发生了'4·10事件'。在那样的情况下，周围村子又有几人没有参与'4·10事件'呢？大家都到现场去了！LP（P5的弟弟）也承认，他当时去了现场，还扔了石块，不过后来他就离开了现场，这是有人证明的"（卢相府2005b）。村干部V4也肯定现场村民的全民参与性："在冲突现场，可以说99%的人都动手了。在冲突过程中，当我看到一个老头站在路边，我对他喊道：'还不快进来，待会儿你就被石头砸到了！'他听到后，不但没有到房子里，反而从地上捡了一块石头扔起来，连小孩也扔石头了。外地人来了很多，棚搭了这么久，他们早就听说了，很关注，他们因为周围人不认识他们，最后表现得比五村的人还积极。"（V4，2007年4月13日）

　　我没有非常明确的证据说明地方政府选择以法控制对象的依据，但据为村民在法庭上作辩护的律师LKC的总结，"本案的几个被告的生理特点，一个呆子，一个聋子，一个白内障，占了全部被告人的三分之一，（LKC）提出让这9个被告人——弱势群体的典型代表来承担'4·10事件'所造成的损失的后果，显然有失公允"（李和平2005）。尹相府的文章也证明，被以法控制的对象具有弱势群体的特征，"在8名被告当中，有家里很穷的，有得过脑膜炎而留下后遗症的，智力有缺陷的，有患白内障视力严重衰退的，有耳朵听不见的"（卢相府2005c）。这些被"选中"的村民及其家属，自然鸣冤不止，村民认为，"根据律师调查和当地村民的介绍，被告人LHP、LHR等在事发当日积极救助了警察DCY、LYR、HYF等，被告人WXP、JYG、WLP在'4·10事件'之后帮助村委会、政府拆除竹棚，均有立功表现。但是，这些警方承认的事实到了检察院都不被承认，而被告人家属得到有关部门人员的说辞竟然是：被告人主动救助警察和帮助政府，是因为'做贼心

157

虚'，从反面证明了被告人在'4·10事件'中的犯罪行为（卢相府2005c）"。

地方政府在进行以法控制时，明确要求被告及其家属要给政府面子。2005年12月12日，镇领导C6打电话通知8名"4.10"被告家属，马上写一份要求政府从宽处理的报告，说上面对这些被告处理时也好有个依据。所谓写从宽处理报告其实是要求被告人写悔过书，写了悔过书的WXP说，"悔过书就是承认给他们造成伤害，把自己一个悔过的态度写出来就行了"（燕明2006）。

12月21日，镇领导C6到P5家，问她下一步准备怎么做。C6说准备把被告保出来，再次劝P5写一份请政府从宽处理的报告。当时P5很气愤，说："政府为什么要花如此巨大的人力、物力、财力、精力去诬陷WLP，这样一个本该得到地方政府奖励的人。我坚决地说，今天即使WLP是有罪回来［按：指缓刑］，我都要把他送回去。"C6认为P5这样的态度会"帮倒忙"，到时候别人都出来了，就她弟弟没有出来，她心里会不平衡。C6继续劝P5道："上面说了，只要家属认识态度好的，被告就可以从宽处理。你不写，吃亏的只有你自己，我想帮他们早点出来，你们却不配合。"2006年1月6日，几个被告家属被召集到C6的办公室，C6对他们说："你们这些替罪羊被抓是很吃亏的，要考虑政治影响。如果这些人无罪，牵涉的部门太多了，也得让地方政府有个台阶下。"P5清醒地认识到那次谈话，是地方政府让他们改变态度的最后一次机会，但是她再一次放弃了（P5，《"4·10案件"被告WLP被冤枉经过》，pp.78-83）。

地方政府为了面子而进行了以法控制，而被告及其家属却往往不识时务、不给面子。WLP第一次被刑事拘留是在2005年5月30日，次日在村干部V5的担保下从D市BY派出所获释回家，后来家人发现他身上有多处刑讯逼供时留下的伤痕。很多西村村民前往看望，听到WLP的述说和亲眼看到他的伤口，无不为之落泪，纷纷按下手印证明他们看到和听到的情形。但是，这个过程被地方政

158

府定义为宣扬刑讯逼供，给政府面子抹黑。8 名被告后来经一个在北京工作的黄奚人的帮助，找到了中国政法大学污染受害者法律帮助中心，中心又为华镇农民联系了多名维权律师。请北京律师也让地方政府感到没面子，P5 说："北京律师来为我们辩护，派出所是非常不高兴的，甚至恼怒，地方政府辗转追查'是谁让你们去北京请律师的？'"（卢相府 2005b）。2005 年 9 月 8 日在 D 市人民法院庭审时，北京辩护律师为村民争取到异地审判的机会，"4·10"案件的审理移送到 L 市人民法院，8 名被告也被移送到 L 看守所关押。12 月 20 日，"众家属为了感谢 L 看守所管教对各被告给予了人道主义的待遇，特送锦旗到 L 看守所"（P5，《"4·10"案件被告 WLP 被冤枉经过》，pp. 78 - 79），这一举动也让 D 市地方政府甚感脸无光彩。

地方政府在以法控制过程中对给面子的合作者给予了奖赏，而对"不识时务者"予以了惩罚。西村村民按手印证明 WLP 在看守所里受到了刑讯逼供的举动，被地方政府视为是恶意的宣传鼓动，WLP 因此于 6 月 14 日再次被捕，华镇派出所的指导员在送达逮捕证时对 WLP 家人说："老实告诉你们吧，这次是不依法办案的。"（P5，2007 年 6 月 4 日）2006 年 1 月 9 日，L 法院开庭宣判"4·10"案。法庭在宣判前，"首先让 2005 年 12 月 20 日被带到 L 法院抄写过悔过书的 WXP、LHP、JYG 当庭宣读了悔过书。判决结果是，WLP 被判处一年零三个月的有期徒刑，（因没有写悔过书而未获得缓刑）而写过悔过书的 3 人和 WFG 被判缓行，当天被释放回家。"（P5，《'4·10'案件被告 WLP 被冤枉经过》，p. 83）

法庭审判抗争者经常具有法律动员的效果。Kirchheimer（1961）的研究指出，西方民主国家的政治审判具有不确定的效果：一方面，起诉确实可以以法律之名合法化打压，从而成为有效的打压工具；另一方面，因为抗争者在民主社会中享有一定的政治和法律权利，特别是在陪审团审判时更是如此，这将降低以法控制的效果，甚至使起诉变得有利于抗争运动。其他国家的审判也具有这两种效果。在中国，以法控制确实能起到震慑的作用，但我们也同样经常看到以法控制造成了意外的结果。以法控制往往使抗争代表成为村庄的英雄，这一方面使抗争代表获得荣誉，激发他们继续抗争的动力；另一方面会促进正在经历抗争的村庄的团结。在2005年9月8日D市人民法院开庭审理"4·10"案那天，"律师在法庭上为华镇村民，依法进行有理有据、义正词严的辩护。华镇村民知道后激动不已。华镇村民在化工厂的严重污染下生活了四年多，农作物减产，蔬菜绝收，人的身体遭到严重损害，村民苦不堪言。多年来，不仅没有得到过赔偿，还从来没有人在正式的场合为村民说过一句公道话。所以村民们纷纷奔走相告，律师的辩护词很快传遍了整个华镇及周边地区。许多村民说，这些被告家属如有困难，大家都会给予帮助的。对于这一点，我们这些家属还真应该感谢所有给予过我们帮助的村民。"（P5，《"4·10"案件被告WLP被冤枉经过》，p.61）

## 强制拆厂

当强力控制和以法控制无法解除抗争动员时，地方政府只好通过进一步妥协以平息集体抗争：强制拆厂。对素有地方统合主义特征的地方政府来说，压制企业实属无奈之举。可以说，一般情况下，地方政府是站在企业一边的，就连"4·10事件"的发生，也部分是因为企业主急于恢复生产而给市政府施加了压力。市领导C4在3月9日下午召开的桃源工业功能区企业负责人会议中强调："企业要做好自身的工作，必须加强自身的环保观念，以后能否生存，很大一部分取决于你们自身。"但是，4月1日，地方政府为了平息农民高涨的抗争情绪，出台了文件，下令工业园区内的所有工厂自4月2日开始停产。在4月10日拆棚前，地方政府不但处于农民抗争的压力下，也受到来自企业的压力。

镇干部 C17 说:"企业都停产了,政府当时当然要尽快恢复生产,人家外资进来了,他们这样一搞,影响很差的嘛,我估计政府的压力主要在这一点上。"(C17,2007 年 6 月 21 日)镇领导 C7 对企业不体谅政府很气愤,他说:"这些企业家,没有一点社会责任感,一毛不拔,这些企业家真是太可恶了。他们用两百辆小车停在市政府门口,要求市里把这些问题处理好,他们要生产,他们不知道自己违法了。他们就说你招商引资把我招进来,应该保证我的生产。"(C7,2007 年 7 月 17 日)D 市政府在各方压力下,于 4 月 10 日去拆棚。"4·10 行动"失败后,农民抗争进一步升级,地方政府被迫于 4 月 30 日作出关闭大部分化工厂的决定,最后搬迁了 12 家工厂。地方政府将环保决定印出来,"发到每家每户,但没有发到企业,因为企业的对抗情绪很大"(C3,2007 年 4 月 10 日)。当时负责企业拆迁的市领导 C3 大致描述了市政府强制拆厂的过程:

> 在拆迁过程中,企业抗议情绪很大。我们在谈判的时候对企业说,在黄奚事件中,政府企业都有错,政府在选址上过分草率。企业更有错,尽管你们经过了环保测评,但是你们存在偷梁换柱、挂羊头卖狗肉的现象,改变了工艺程序,换了原材料。因为 D 公司是国有企业,我们让 D 公司出面,对其他私营企业进行评估,打完对折后,政府进行收购。对被关闭的企业不进行补偿,而对那些合情合理不依法的企业,我们进行补偿。企业在 2005 年 8 月底全部搬迁完毕。总共花了不到 2000 万元的搬迁费。比较难办的是 M 公司,因为属于外资企业,我们主要通过外交途径来解决。M 公司是通过招商引资进来的,以前还拿过环保先进单位。我说这是对你前期工作的肯定,并不代表你没有污染。M 公司有 1 万 4 千平方米的建筑物,占地 170 多亩。我们是这样算的,总共可用的用地 140亩,打对折,按 70 亩计算,每亩给予 10 万元的搬迁补偿。

（C3，2007 年 4 月 10 日）

由此可见，平时得到政府百般呵护的企业，在特定情况下也可能成为地方政府压制的对象。

## 利用社会力量

在西方社会运动中，非国家行动者（nonstate actor 或者 private agent）也可能对社会运动实行压制（Earl 2003，2004）。私有势力在中国也经常被雇佣去控制民众的抗争，比如企业雇用社会打手或借助黑恶势力打击市民的反抗。另外，值得注意的是，借助黑恶势力对付抗争者是地方政府应对抗争的方法之一（Cai 2008d，p. 29；王守泉 2005；王嘉、韩朴鲁 2005）。

D 市地方政府为了拆除农民搭建的抗争竹棚，也求助于当地的黑恶势力，作为政府控制的补充。根据《浙江内参》的文章，"5 月 20 日，华镇黄奚村 350 多名村民在村党总支、村委会的组织下，来到桃源工业功能区道路上开始拆棚。两个小时后，通往功能区道路上的所有竹棚清理完毕。整个拆除清理过程，群众情绪稳定，始终在有序平稳文明中进行（傅丕毅 2005）"。"群众情绪稳定"事实上还因为政府采取了"以黑拆棚"这一潜在的控制（C5，2008 年 4 月 30 日；C7，2007 年 7 月 17 日）。农民害怕政府的压制，但更害怕黑恶势力这一没有规则和限制可言的力量。镇领导 C7 坦白道："我们真正把棚拆掉的力量，就是社会上那些残渣，组织起来，在 D 市天天请他们吃饭，然后训练他们，这帮人像敢死队一样，砰砰砰地去，然后我们镇干部再开过去，才把棚拆掉。为什么？因为那些人都是本地人，以夷治夷，以牙还牙。"（C7，2007 年 7 月 17 日）我也采访了一个去拆棚的黄奚青年，他略微不好意思地说："我也是去拆过棚的啦，说难听点，刚刚退伍在家的时候，我也是在家里混混玩玩，没事情的人，每天都是东游西逛。我们二三十个人组织起来去拆棚。市里是没有这个能力去拆的，他们就想找我们这些有点名气的，以前就是这么混混的人去拆棚，（我问：'你有什么名气？'）就是烂名气，经常打架的那些人。"（P11，2007年6月10日）在本地势力的帮助下，地方政府虽然得以将棚拆除，但是，"把地痞流氓也利用起来了，政府的形象很差"（C7，2007年7月17日）。

## 小　结

中国政府一直希望能"将抗争从街头引向法庭"（Huntington 1968，p. 359），希望中国民众能像托克维尔观察到的美国人那样，很自然地将政治和个人问题变成法律问题（Tocqueville 1994）。特别是近年来，中国政府不但在《关于积极预防和妥善处置群体性事件的工作意见》（2005）、《中共中央关于构建社会主义和谐社会若干重大问题的决定》（2006）等重要文件中强调了依法应对群体性事件的重要性，而且还通过制定法律直接规定政府在群体性事件中的行为，相关法律有《公安机关处置群体性治安事件规定》（2000）、《国家突发公共事件总体应急预案》（2006）、《突发事件应对法》（2007）等。同时，中央政府还制定了《关于违反信访工作纪律处分暂行规定》（2008）、《关于实行党政领导干部问责的暂行规定》（2009）等纪律规范，以约束相关的党政干部。地方政府也制定了相应规定（如《浙江省预防处置群体性事件若干规定》），为应对群体性事件提供更详细的依据。总之，依法控制抗争是各级政府声称的目标。

但是依法控制抗争的目标难以达到，过度强力控制和不符法律精神的以法控制现象，仍将广泛存在，这既有制度性原因，也有情境性因素。一方面，对权威受挑战的不容忍，地方政府有可能采取过度强力控制和以法控制；另一方面，地方政府强大的资源动员力，又为过度的强力控制和以法控制提供了基础。另外，因为抗争情势的需要，地方政府通常在以法控制时，徘徊在挽回面子和挽回人心的不同需求之间；在过度的强力控制和以法控制不奏效时，地方政府还常利用不良社会力量应对抗争。这些做法，与依法控制集体抗争的目标相去甚远。

# 第七章　农民抗争的影响

　　此前各章分析华镇农民获得抗争成功的原因，本章主要探讨抗争的影响。由于难以区分抗争过程中各因素的作用（della Porta and Diani 1999，pp. 232 – 233；Giugni 1999，p. xxiv；Kriesi et al. 1995，pp. 207 – 208），我将采纳欧博文和李连江所主张的互动的视角（interactive approach）（O'Brien and Li 2005，pp. 237 – 239），探讨抗争对政府、农民和村庄的影响。

　　在研究抗争结果时，中国抗争政治研究者更关注积极的结果（如 O'Brien and Li 2005；O'Brien and Li 2006，Chapter 6；Yang 2009，pp. 209 – 226），但是抗争也会导致负面的影响（Andrews 2001，p. 72；Cai 2010，pp. 192 – 193）。在这一章里，我除了探讨农民抗争在促进政策的制定与执行、激发农民的行动热情等方面的积极作用外，还重点研究了农民抗争带来的消极后果。

## 对地方政府的影响

　　抗争具有促进政策执行（O'Brien and Li 2005；Andrews 2001；Rochon and Mazmanian 1993）与政策制定的作用（della Porta 1999，p. 66；Giugni 1999，pp. xxix – xiii；McAdam 1999，p. 119）。中国农民的抗争目标一般在于推动已有政策的执行（参见：O'Brien and Li 2006；Bernstein and Lü 2003；O'Brien 2002），而不是为了推动新政策的制定。集体抗争往往可以在短期内改变地方政府政策执行的选

择偏好，使其执行平时没有动力执行的政策。抗争本身不能产生重大的政策变革（Andrews 2001；Piven and Cloward 1979；Tarrow 1993b），但抗争能起警报器的作用，促使官方进行反思，从而推动政策的制定。作为反思的一个结果，地方政府在华镇事件后加强了对农村基层组织的控制，特别是对老年协会和村民委员会进行了整顿。抗争对政府方面还有另一影响，即高层政府的介入导致地方官员的不满。

## 政策执行与政治学习

地方政府在华镇事件期间对环保诉求的回应，超出了抗争者的预期。在搭棚抗争的早期，村民主要是为了获得每人每天一斤青菜的补偿（P13，2007 年 6 月 3 日；P22、P12，2007 年 6 月 2 日），"赶掉工厂当时也想不到"（P3，2007 年 6 月 3 日）。虽然当时"提出了搬迁"的要求（P3，2007 年 6 月 3 日），但只是一种"开高价不亏本"的策略（C24，2007 年 6 月 13 日），"黄奚老百姓根本没想到化工厂会全部倒闭"（V14，2007 年 5 月 31 日；C19，2007 年 6 月 28 日）。其次，地方政府除了应对农民的环保诉求外，还为农民增加了公共产品的提供。华镇事件结束后，"镇政府和市政府都很想为老百姓做一些事情，让黄奚老百姓得到实惠"（C8，2007 年 6 月 27 日）。"市里的领导问黄奚人民当务之急最希望做的事情有哪些，（并答应）会尽力地去满足百姓"（C10，2007 年 4 月 10 日）。黄奚五村支书也证实，华镇事件后村里的基础设施有了很大的改善：政府拨钱硬化了村道，绿化了空地，清理了水塘，给广场和街道装上了路灯，补贴村民粉刷"赤膊房"，甚至还扩建了黄奚村的公墓（V4，2007 年 4 月 10 日）。

一般认为，中国地方政府对上级政策的执行具有选择性，更有动力执行那些由硬指标衡量却往往为民所恶的政策（O'Brien and Li 1999；Edin 2003）。但是地方政府在华镇事件期间及其后一段时间里，在政策执行上出现了"选择性倒挂"的现象，也就是说，那些为民所愿的政策得到了优先的执行。选择性政策执行之所以广泛地存在于基层政治中，是因为：（1）"下管一级"的干部管理体制使地方政府只需取悦它的直接上级；（2）约束官员的群众运动消亡；（3）干部岗位目标管理责任制赋予硬指标政策更大的评估权重（O'Brien and Li 1999）。值得注意的是，选择性政策执行主要发生在常态政治中。对于那些正在经历大规模官民冲突的辖区，以上三个条件通常得到了改变：首先，"下管一级"干部的常规因高层政府介入抗争的处理而得到了暂时的改变；其次，在非常态政治中群众运动约束官员的方式得到一定程度的复活；最后，地方政府必须借助软政策促进稳定这一硬指标的达至，比如华镇事件后，官民关系水火不容，这客观上要求地方政府采取涵纳性政策（inclusive policies）（Kolankiewicz 1988，pp. 153 – 154）。所以，我们往往观察到处于非常态政治中的地方政府在政策执行中，采取了相反的优先次序，那些为民所愿的政策在一定程度上得到了优先的执行。

政策执行的"选择性倒挂"现象还可能与地方政府的政治学习（political learning）有关。华镇事件后，浙江省各级政府开展了反思与学习活动。与华镇事件相关的各级官员都被要求写反思报告，有些报告还因不合格而被退回，要求反思者重写（C7，2007 年 7 月 17 日；C14，2007 年 6 月 22 日）。各级政府、各个部门召开了各种讨论会，反思政府部门和官员在"华镇事件"中的作为，要求"做到讲不足不讲优点，讲党性不讲私情，讲原则不讲关系，讲真理不讲面子"。接任 D 市市委书记的 C1 说："从华镇事件，我们得到了几点反思：（1）我们的执政能力还是不够的，如果我们的执政能力比较强，事情就不会闹得这么大；（2）原来粗放式的生产方式难以为继，一定要按照科学发展观来发展我们的经济；（3）按过去的作风无视群众的诉求也走不下去的；（4）把无所作为的领导分配到敏感地区是会出事的。没有强有力的人也不行，但一定不能脱离群众。"（C1，2007 年 4 月 10 日）

华镇农民的抗争及 2005 年在浙江省发生的其他几起环保事件，

促进了省级政府的学习与反思，浙江省政府还因此推出了"生态浙江"的环保新政。根据浙江日报的报道，"2005 年是'811'［按：八大水系和 11 个省级环保重点监管区］全面铺开的一年，工作繁重可想而知，可一些地方偏偏又出现了因环境问题而引发的群体性事件。面对跌宕起伏的环保形势，省委、省人大、省政府召开的有关生态环保工作的专题会议 15 个；省委主要领导深入钱塘江流域实地考察、指导工作；省政府主要领导领衔生态补偿机制的提案办理工作；省政府领导对 11 个省级重点控制区逐个作了考察、调研。一年间，省领导有关环境保护的批示多达 230 件，抓之紧、要求之严实为历年之最"（赵晓、黄裕侃、周兆木 2006）。嘉兴市环保局局长的一篇文章也反映了华镇农民的抗争在浙江省环保政策制定过程中所起到的警报器作用："浙江省在 2005 年发生了以 D 市'华镇事件'为代表的一系列重大环保群体性事件，极大地震撼了党政领导的执政理念，时任浙江省委书记的习近平同志因而提出了建设'生态浙江'的重大战略决策，部署开展了一系列环保'新政'专项行动。"（章剑 2009）可见，农民的抗争促进了环保政策的制定。因而，从长远来看，农民抗争这个警报器有利于中共形成更具韧性的社会稳定。正如一退休干部在《华镇事件反思》一文中写道："'4·10 事件'，看起来是坏事，实际上也是好事。在'4·10事件'中，党和政府的威信虽然受到了损害，经济上受到了很大的损失，不少人的身体受到了伤害。但正因为有了'4·10 事件'，才引起上级的足够重视，才引起群众的更加愤怒，才争取到一系列的有效措施，（地方政府）才下决心彻底解决。"另一退休干部 V13也表达了相同的观点："去年 4 月 10 日，群众请了戏班来演戏，放鞭炮，纪念'4·10 事件'。我在想'4·10 事件'到底值不值得纪念？我认为是值得的。如果政府、党委领导能从此吸取教训，对关于群众利益的事情，党和政府及时给群众解决，不是采取对抗的形式去解决，这就是值得纪念的。政府是怕不稳定，但是如果能采取正确的态度，是会更稳定的。"（V13，2007 年 5 月 24 日）

### 控制基层组织

很多 D 市政府官员认为，华镇事件的爆发与政府对村级组织的控制松弛有关。一市领导在其反思报告中写道："黄奚村撤并六村合一，党支部和村委会相继选举后，大批老干部落选，村委只选二人，力量弱化。而老年协会组织却相对健全，组织机构庞大，会员约占人数比例的 1/3 左右，其主要骨干大多数是退休干部、退休教师和退休职工，这些人具有一定的工作能力和工作经验，具有一定的号召力，同时老年协会又有一定的经济来源和经济筹集渠道。由于基层组织战斗力不强，放纵对他们的管理更使老年协会突显成为村中一支不可忽视的领导力量。在这次搭棚中，老年协会的一些骨干设法筹集搭棚资金，给一些老年人发工资，提供后勤保障。"（C4，《关于 D 市"4·10"事件有关情况的汇报》）作为反思的结果，地方政府对老年协会进行了改组，并加强了对村两委的约束。

### 改组老年会

如果说，老年协会的蓬勃发展是地方政府对其疏于管理的结果，那么当老年人组织起来进行抗争，影响到地方政府所欲之稳定，决定部分地方官员的去留时，地方政府再也不会用简单的经济效益去衡量管理老年协会的成本收益问题。稳定历来是地方政府追求的首要目标，也是事关地方官员政治前途的决定性指标。因而，当地方政府看到组织起来的老年协会和老年人在上访、直接行动等集体抗争中表现出相当大的能量后，他们对老年协会重新进行了定位，对其通过改组加强了管理。退休干部 V13 说："现在我们 D 市总结了这方面的教训，老年协会他们是要怕的，（所以）把老年协会改掉了。"（V13，2007 年 6 月 10 日）

地方政府在应对农民抗争时已体现出改组老年协会的决心。我们在第三章已经看到，在农民搭棚抗争之前，D 市人大副主任 J 已经基本提出了老年协会的改组方案：村一级将不设立老年协会，由镇一级设立老年协会，要收取村老年协会的公章，在村一级设立老年协会活动场所，取消自然村的活动场所（桃源工业园区座谈会记录，2005 年 3 月 4 日）。2005 年 5 月 22 日，在镇里召开党支部、村委会、老协、全体镇干部的会议上，市委副书记 X 强调："老年协会是一个群众组织，必须受党支部领导。"5 月 24 日，华镇镇领导 C7 在镇干部会议中说："下一步需要大家共同努力，综合治理，依法依纪处理一些违法违纪的党员干部，村级组织和老协要进行整顿。"（C19，2005 年 5 月 24 日工作日志）

170

2006 年，D 市政府对老年协会进行了全面的清理整顿。首先，镇政府成立了镇老年协会。协会在民政机关注册，其业务主管部门是镇政府、市老龄委，其会长由镇在职干部担任。因而，镇老年协会实际上是镇政府直接管辖的一个部门。其次，行政村老年协会被纳入镇老年协会，成为镇老年协会的分会，必须受镇老年协会和村党支部（不再是村"两委"）的领导。最后，自然村老年协会（如黄奚五村老年协会）被改成老年小组，老年小组同老年分会均不能使用公章。这一做法后来在整个 J 市推行，浙江省其他城市如 N 市也对老年协会进行了相应的整顿。华镇老年协会是在 2006 年 7 月 31 日成立的，首任会长是原黄奚村村长、镇委副书记 CGW，荣誉会长是镇委书记和镇长，原退休镇干部任协会顾问。镇领导 C6 承认："成立镇老年协会，引导的意思是有的。"（C6，2007 年 6 月 23 日）在 C6 看来，"老年协会还是不弄为好"，他认为"第一，老年协会的人年纪大；第二，老年协会要么退休干部，要么退休工人，都是很有水平，引导得好，老年人很听话的，引导得不好，老年人是死脑筋的"（C6，2007 年 6 月 23 日）。另一个镇干部也认为老年协会整顿十分必要，"按理这样搞起来好啊，这样上访啊、制造的混乱啊，一定会少一点，他们乱七八糟的什么都盖上公章。"（C16，2007 年 6 月 21 日）

地方政府对老年协会的管理动机虽容易改变，但管理的效果却不易控制。我在第三章已经提到，老年协会的发展不仅是地方政府疏于管理的结果。协会在村中获得话语权，还因为它在福利供给不足的农村社会，替代政府承担了部分的福利功能，使老年会员甚至整个村庄的村民在不同程度上依赖老年协会。因而当政府仅仅加强对老年协会的控制，而没有为农村老年人提供相应的福利时，地方政府对老年协会难有真正的约束力。因而整顿后，镇老年协会对下面的分会实际上没有领导力。在人事上，"总会没有决定分会领导的权力，基本上以选为主"（C6，2007 年 6 月 23 日）。一退休老干部更直接地否认了地方政府对老年协会整顿的效果："通过改组，压制老年协会的活动，我认为不妥。哦，这样子就不会出问题啦？老年人的活动还是照样会出问题的。以这种办法来限制老年人的活动，那是空话的。因为那个组织照样存在着，他现在叫活动中心，还是活动小组，照样还有个负责人的啊，照样还可以跟政府对立的。"（V14，2007 年 5 月 31 日）

### 约束村两委

地方政府为了加强对村两委的管理，开展了一系列行动。首先，D 市组织部在 2005 年 5 月底到 6 月中旬开展了一次《从"黄奀事件"看村级组织建设》的调研课题，以"全面了解掌握村级组织和党员干部在'黄奀事件'的形成、发展和处理中的作用发挥情况，总结经验，吸取教训，并针对存在的突出问题，研究提出行政村区域调整后如何加强以党组织为核心的村级组织建设的意见和措施"。在这次课题调研中，组织建设组通过蹲点调查，对村两委主要负责人和部分群众组织负责人进行了走访，针对党员、干部和群众做了问卷调查，召开各种座谈会了解村级组织的情况，并查阅村级党组织、村委会、党员大会、村民代表会议的记录，了解村级组织决策及工作程序。在这一阶段，镇政府还召集镇干部、各村村干部、各老年协会会长，听取浙江大学教授 HYP 所作的题为《当代科技发展与精神文明建设》的报告以及 J 市司法局局长 WGL

所作的题为《政府依法办事，共建和谐社会》的报告。

其次，镇政府组织各村党支部进行学习与反思（参见表7-1），要求每个党员围绕"黄奚事件为什么会发生"、"黄奚事件中我干了什么"、"应吸取什么教训"、"今后我该怎么做"四个问题展开讨论，做到人人发言。每个党员要结合个人实际，撰写1000字左右的反思材料，要以此召开支部交流会、党组中心组学习会、集中交流会。地方政府也对个别村庄的支部干部进行了直接的调整，如原黄奚五村村支书因不积极配合政府应对农民的抗争而被撤职，后由市委书记亲自任命一名镇干部为该村支书。

172

表7-1 　　　　　　　　　　　华镇事件讨论反思方案

| 时间 | 内　　容 |
|---|---|
| 7月29日 | 部署讨论反思 |
| 8月1日 | 召开支部讨论会：围绕"黄奚事件为什么会发生"，"黄奚事件中我干了什么"，"应吸取什么教训"，"今后我该怎么做"四个问题展开讨论，要求人人发言，各支部做好讨论内容的梳理。 |
| 8月2-3日 | 撰写反思材料：根据支部讨论情况，结合本人实际，撰写1000字左右的反思材料，交各支部书记。 |
| 8月4日 | 反思材料的审阅：普通党员的反思材料由联系领导和支部书记审阅，镇班子成员的反思材料由督察组审阅。 |
| 8月5日 | 召开支部交流会：每个党员反思情况在支部会进行交流。召开党委中心组学习会：班子成员交流反思情况。 |
| 8月8日 | 召开集中交流会：组织一批反思深刻、到位的同志进行集中交流。 |

虽然地方政府十分认真地组织这些反思活动，但活动的效果却难以控制，而且这些活动还导致了村干部的内讧。在LZ村一总支委员写给上级领导的信中，提到了有些村干部借反思之机打击异己的现象："在黄奚事件中，上级只要直接布置我们自然村的，我都

参加和执行。他们（其他的党员干部）为何说我不积极，不先进呢？无非是借口给我杠子，排斥我，撤我职。所以，我现在向你们领导反映，他们的做法对不对，该不该这样，请领导给我一个答复。"地方政府对村委会的控制除了按照以上的反思模式进行学习整顿外，主要表现在对村民委员会选举的控制上。这点我将在后文有关空巢村委会的形成中进一步阐述。

### 地方干部的不满

蔡永顺（Cai 2008c）认为，中央与地方分立的政治结构安排，使中共在改革过程中虽面对众多社会抗争，但却可保持社会的总体稳定。在这种结构下，中央政府仅需介入数量有限的集体抗争，且在地方政府使用暴力时，免承强力控制带来的负面影响。但是，这种制度安排却使地方干部产生了不满情绪。有着多年基层从政经历的湖北学者 SYP 说，在中国，"阎王好做，小鬼难当"（SYP，2010年3月11日）。D 市市领导 C2 认为："科学发展观很好，但是是镜中花、水中月。"他觉得，"现在的高层领导是清楚中国的，但也不是很清楚，即使清楚也没有办法。"他嘲笑道，"为什么'华镇事件'后很多地方的领导来抢那些化工厂？就是因为财政制度不改革，经济是指挥棒，只能这样。毛主席当时的政策，是可以连得起来的，现在的政策很多是南辕北辙。"他总结道："一个事件的发生，不是一个领导的质量问题，而是体制问题，"因为"整个宏观的环境，教会领导的只有经济"（C2，2007年6月25日）。还有些干部怪"中央爱做大好人"（C9，2007年5月28日），认为"中央的政策对老百姓是好的，但是给地方经济带来很大的障碍"（C6，2007年6月23日）。有些更激愤地说："狗屁亲民政策，皇城脚下，天天可以看到的地方，上万人的一个上访村，全国各地的人都到那里去了，里面真是贫民窟一个。中央领导亲民亲民，为什么不把眼前的问题解决好啊？解决不了啊！"（C32，2007年7月19日）

在"华镇事件"中，政府对农民做了极大的退让，乡镇干部

173

认为，"这一次政府让步了，但是让步只能把我们牺牲了"（C7，2007 年 7 月 17 日）。以"思想工作不深不透，直接导致华镇事件"为名被撤职的 C7 认为，"我和镇长受的处分是最重的，我是很委屈很委屈的"（C7，2007 年 7 月 17 日）。有些镇干部也很不满这种干部责任制度，为被撤职的 C7 打抱不平，"我们原来那个书记，撤掉了，想想也是可惜的，这人是好的，责任全部让他担也是不行的。要分析地方政府有多少责任的问题，你多少权力赋予他，他才能担多大的责任，权力应该和责任对等的"（C24，2007 年 6 月 13 日）。所以，乡镇干部认为，"中国的从政环境很差"（C6，2007 年 6 月 23 日），现在的干部管理制度甚至比封建制度时代的还差（C1、C2，2007 年 4 月 10 日）。

没有受到处分的干部也感到不满，他们认为政府的妥协使他们在很长一段时间内不能在华镇很好地开展工作。镇领导 C13 说，"经历过'4·10'的干部，不应该留在这里工作的。现在我们觉得自己嘴巴短了一点。有些话说出去就是自己打自己嘴巴。"因而，"在这里工作也不会有大的作为"（C13，2007 年 5 月 23 日），因为"现在干部不敢做事情了，干了也有人反对"（C10，2007 年 5 月 23 日）。

## 对农民的影响

成功的抗争往往最能对抗争者产生影响（O'Brien and Li 2005, p.244）。抗争者先前的积极行动，会导致更进一步的积极行动（Tarrow 1998, p.165）。有些研究者还观察到集体行动具有转变抗争者生活轨迹的作用（如 McAdam 1989；McCann 1994, p.271；Sherkat and Blocker 1997）。华镇农民抗争的胜利，极大地增强了农民的政治效能感，促进了农民的积极行动，但农民因自身的限制，难以皈依成坚定的积极分子。先前的过度强制使农民对地方政府的信任降到低点，但农民对中央的信任保持不变（参见 Li 2004；Cai

2008c，p.15），甚至有所提升。对地方政府的低信任与农民的高政治效能感，促进了农民的积极行动（参见 Gamson 1968，p.48）。

**积极行动**

抗争经历改变了农民对政府和个体的主观认知：（1）抗争的成功使华镇农民保持甚至加强了对中央的信任，一首诗歌侧面地反映了这一点："'朝代'来到黄奚镇，政经颠倒乱纷纷。支书坐牢君判刑，群众敢怒不敢言。日中调查街巷问，夜里分析马列寻。以人为本作指标，与民争利是结症。原山绿兮变黄林；原天蓝兮变乌云；原菜青兮变枯瘟；原人健兮皆生病。媪翁扎蓬向北京，官正批示扭乾坤。燕歌莺舞狮山笑，天蓝地绿画水清。"（2）抗争经历使农民对地方政府的信任降到了低点，"当时的干群关系水火不容"（V4，2007 年 4 月 10 日），"大问题解决了，党和人民的关系问题没有解决"（P1，2007 年 6 月 27 日）。一方面，"4·10 事件"发生后，地方政府在农民心中威信全无。镇干部 C23 说："现在我们都不敢讲话了。以前违章处理，计划生育工作处理，镇里干部去，农民还要讲好话。现在根本就不怕你了。"（C23，2007 年 6 月 25日）镇领导 C13 也认为"现在老百姓（与政府官员打交道时）都有点威胁的味道，口气都不一样了"（C13，2007 年 6 月 18 日）。另一方面，老百姓觉得华镇事件后，地方政府部门在实际办事时对黄奚人实行了"潜规则"，"老百姓到政府那里办事不好办"（P3，2007 年 6 月 3 日），认为"黄奚的老百姓要苦了"（V1，2007 年 6月 3 日）。（3）抗争经历增强了农民的政治效能感。农民认为，所有化工厂迁出黄奚这一结果是"农民自己闹革命的结果"（C13，2007 年 5 月 23 日），并不是地方政府的仁慈。取得抗争成功后，农民感到"华镇人民有本事，把这么大的问题解决了"（V13，2007 年 6 月 19 日）。有些人甚至产生了"无所畏惧"的感觉："'4.10'经历过了，到哪里都不怕。不管风吹雨打，没事的。"（V1，2007 年 6 月 3 日），村干部 V16 也说："那个场面你见过了，

其他都没什么了。"（V16，2007 年 7 月 19 日）

　　农民的积极行动首先表现在对抗行动上。比如，在所有化工厂搬迁出黄奚后，地方政府就原工业园土地如何处理这一问题在黄奚五村作了一次民意调查，让农民在撤基还田和继续办企业之间作一选择。"结果 95% 的人要求撤基还田，但政府也不归还"①。政府也不可能答应拆基还田的，因为"以后要建立这么大的工业园区是很难批到的"（P10，2007 年 5 月 27 日）。镇领导 C8 说："你说这 95% 的人都是说真心话吗？不是！他们就是要给干部难看。就是真的把厂房拆掉了，那里就能种田了？根本就种不起来了，难道从外面运泥土进来啊？为什么会这样呢？我觉得，现在老百姓对政府失去信心了，没有信任了，所以他们要跟你抬杠。所以老百姓也好，村干部也好，重新信任要有一个过程，乡镇干部要有一个长远的打算。"（C8，2007 年 6 月 27 日）所以，在化工园土地如何处理上，"你如果让他们选择，他们肯定要拆基还田；但说心里话，他们是想发展的"（C8，2007 年 6 月 27 日）。而农民觉得政府是在与民争利，不愿意把化工园区招商引资的权利完全交给农民，因而农民觉得政府不让我们得利，我们也不让政府得利。村民 P6 说："人民是水，我们是船，没有水，你们的船也开不动。"（P6，2007 年 6 月 15 日）又比如，农民要在 2006 年农历三月初三②请戏班到黄奚村演戏，名为庆祝黄奚二村大楼落成（P19，2007 年 5 月 26 日），实为纪念"4·10"胜利一周年。地方政府没有让他们在三月初三演戏。农民认为，不让演戏，"说明政府对'4·10'的决策失误没有深刻反思"（V8，2007 年 5 月 26 日），"你政府越躲躲闪闪，老百姓就越不

---

　　① 化工园区的土地来自黄奚五村、黄奚一村和黄扇村，一村和黄扇村的土地已在华镇事件前完成了征用程序，但工业园区的大部分土地来自黄奚五村。由于村民的抗争，黄奚五村的土地在事件前没有被征用，在事件后，土地归还黄奚五村的村集体，但是土地上的建筑物是地方政府从企业那里赎买的，属于 D 市政府所有。

　　② "4·10 事件"发生于 2005 年农历三月初二。

相信政府"（V11，2007 年 5 月 26 日）。政府官员解释，不让他们在敏感时间做戏是为了社会稳定，"他们做戏是为了纪念'4·10'，要放到搭棚那个地方去演，而且要为化工厂坐过牢的人腾出专门的位置，坐在中间，因为他们是功臣，还要写标语，好像'4·10'胜利了一样。不让他们演戏主要是考虑到影响问题，这个问题本来已经平静下来了，对 D 市的形象也不是很好。'4·10'不是很光彩，你老是做那些文章，不好好做事，也没什么意思。做戏做起来，农民又要提到'4·10'的事情，外面的记者又要来采访，又要议论政府，这也不是很好的，对以后的招商引资也不是很好的。"（C13，2007 年 6 月 18 日）。退休干部 V14 却认为地方政府过于敏感反而激起了农民的逆反心理："'4·10'老百姓要做戏，一听到这个讯息，公安机关很紧张，叫人去阻止。我的意思是，没有必要阻止，时间长了，老百姓自然而然会停止的啦。你一去禁止，他们反而更强硬起来。去年'4·10'的时候，村里要放鞭炮，他们不让放。村民一听，哦，不让放啊，结果弄得很热闹。你去禁止，有逆反心理，你不让放，我偏要放，这又不犯法。"（V14，2007 年 5 月 31 日）虽然遭遇百般阻挠，农民后来还是设法做了一场戏，但地方政府对演出过程加以了控制，P6 说："去年（2006）做戏，也没有让我发言。我只说了'4·10'周年做戏，就被拉了下来，讲话都没有给你讲的。"（P6，2007 年 6 月 15 日）

华镇农民抗争的成功进一步刺激了农民的环保行动。农民在将所有化工厂赶走后，还打算继续上访，寻求损害赔偿。V11 写了一封《给父老乡亲书》："保障财产、生命安全，是共和国《宪法》赋予我们的神圣权利，对损害财产，有害健康的事实，向上举报，原本是我们应有的权利和应尽的义务。为了自己，为了子孙后代，为了周边人们的生存、健康和寿命。敬请父老乡亲：人人、户户应备笔记本，把化工园区对环境的影响而发生的事实、侵害随时详尽记录，以第一手确凿材料上呈各级领导，直至中央首长。在做笔记记录的同时，大胆及时向黄奚片（6530501）、华镇（6220110）、市信访局（6622658）、市农业局（6621715）、市环保局（6690001）、市环境监理大队（6690027）、市疾控中心（6698070）、市人大（6624019）、市政府（6622170）、市委（6622192）等部门或电话、或书面、或直接当面举报，以引起各级关注和重视。"原化工园区内还剩一家本地人经营的印染厂，老年协会成员经常去监督，"不定时的，有时候一个月去两次，有时候去三次也有可能"（P3，2007 年 6 月 2 日）。

华镇事件后，农民后续的环保行动总体而言效果不佳。V11、P3 等在 2006 年 5 月再次进京上访，但相关国家部委的信访办听了他们的情况汇报后，反过来劝他们要知足，他们所获得的好处已经比绝大多数地方大多了（V11，2007 年 5 月 26 日）。他们还准备寻求中国政法大学污染受害者法律帮助中心的援助，但环保官司没有下文，寻求损害赔偿的努力最后不了了之。

### 选举参与

抗争经历对村民的选举行为产生了影响。华镇事件后的第一个选举事件是 2007 年 1 月的市镇两级人大代表选举；第二个选举事件是 2008 年 4 月底的村民委员会选举，这两次选举都在一定程度受到农民抗争的影响。不过，农民抗争对选举所能产生的影响，随着时间的推移而减弱，即华镇事件对 2007 年人大代表选举的影响比对 2008 年村委会选举的影响大。

抗争经历对这两次选举中候选人的选举宣传有一定的影响。首先，黄奚片的候选人比华镇其他地方的候选人更经常用大字报等方式进行选举宣传与动员。黄奚籍镇干部 C23 说："反对化工厂的时候写了很多大字报小字报，后来就习惯了，没有停下来。在选举中经常写大字报，但是被抓到后是要处理的。"（C23，2007 年 6 月 27 日）P3 也认为黄奚片竞选时互贴大字报的行为与华镇事件中抗争宣传有关（P3，2007 年 6 月 11 日）。如，2008 年村委会选举前夕，有一张题为《告黄奚村村民书》的大字报，质疑竞选村委会主任的候选人 WHL 的选举权："我们村民来评评理，WHL 他在我们村里连选举权都没有，能参加竞选黄奚村委员会主任吗？如果选上的话，可能对我们黄奚村环保带来第二次灾难，可想而知，千万要认真对待，选举村长为人民办事。老干部要把 V1 压下去，我们广大村民要坚决拥护 V1 这个好村长，为人民公公正正，不要广告做得好，还是 V1 当村长好，希望广大村民投上六份①V1 一票。"其次，虽然所有化工厂都已搬迁出黄奚，但是环保依然是选举宣传的主要内容。如 P2 在参选市人大代表的宣传名片上写道："尽心尽力环境维权；致力 NJ 流域环保工作；还黄奚百姓青山绿水！"WHL 在竞选承诺书中保证要"发展黄奚经济，但坚决不让化工、医疗等污染环境的企业进入黄奚，请黄奚全体人民常年监督。"

　　抗争代表积极参与了这两次选举，代表的抗争经历影响了他们的选举结果。抗争代表 P2 和 P3 以及原黄奚村村长 V1 均参加了这两次选举，西村的抗争代表 P5 以及自称"人民村长"的西村村长 V5 参加了村委会选举。在人大代表选举中，P3 当选为镇人大代表，V1 当选为 D 市人大代表，P2 虽然没能当选，但是将一位村民不满意的候选人挤下台，还有 P5 在村委会竞选中胜出，成为西村的村委。抗争经历还影响了农民的选举偏好。村民根据候选人在抗争中的表现决定他们的选票投向。P6 说："P2 他们去坐过牢的，反毒有功，（所以要选他们），以前 V2 也是这样选起来的。V2 下半年肯定选不到了，他叛变了。V1 肯定要选的嘛"，"P3，上访的时候，那个钱，人民的钱给他拿走很多，上访的钱他都自己用掉了，别人 100 块，500 块都给他数了。我想是不可能选上了"（P6，2007 年 6 月 15 日）。但总体而言，"化工厂移掉他们是有功的，老百姓在（投票时）会加点感情分"（V3，2007年 6 月 23 日）。

---

　　①　指王宅王姓六份，类似于同一宗族内的分支。

抗争经历对选举的影响更明显地表现在农民的抗议性投票（protest voting）上。所谓抗议性投票，是指选民通过将选票投给处于劣势的候选人以表示不满的选举行为（Heath et a. 1985, p. 113; Southwell and Everest 1998, p. 48）。V1 和 P3 都认为华镇事件锻炼了老百姓，"老百姓通过'4.10'，觉悟高了，眼睛也擦亮了"（V1，2007 年 6 月 3 日），"什么样的人该选、什么样的人不该选有个想法"（P3，2007 年 7 月 15 日）。在 2007 年的人大代表选举中，P2 以独立候选人的身份"直冲"参选人大代表。P2 并非完全出于自愿而参选的，他说："老年人要我出来选的，他们说我为黄奚人民坐牢，对黄奚人民有贡献。"（P2，2007 年 6 月 11 日）很多村民投 P2 的票，一方面是因为他前期抗争"有功"；另一方面更主要的是要把农民不满意的人大代表选下台。镇干部 C20 说："选举涉及很多问题，比如派系斗争。老百姓把一个人推出来，并不是单纯为了把他推出来，也可能让其他人选不上。"（C20，2007 年 6 月 22 日）农民要反对的候选人是 D 市人大代表、黄奚总村支部书记 V16。V16 是镇政府比较满意的村干部，被镇干部认为是一块"当村干部的料"（C13，2007 年 5 月 23 日），所以希望他能够再次当选市人大代表。因此，在那次选举中，地方政府在选区划分时按最有利于 V16 的方式进行，尽量将他安排到避免与受老百姓欢迎的候选人 V1 竞争。但是，黄奚村民因 V16 在华镇事件中与政府站在一线，特别是他曾积极协助政府拆棚，因而遭到村民的怨恨。在人大代表选举前，黄奚村村里贴出了一张题为《致黄奚村民的公开信》，号召村民不要选 V16："我们响应党中央号召，选好人大代表为民办好事，我们黄奚镇去年发生化工厂事件，作为一个支部书记、人大代表讲话一言九鼎，大家记得他竞选的一句话吗？'如果化工厂搬掉，我在黄奚镇倒走三遍'。全镇的父老乡亲，现在他倒走的时候到了，如果他不走，对不起全镇及村民。这样讲空话的人可以当选人大代表吗？请各位父老乡亲擦亮眼睛，选好这届人大代表，为人民作出更大贡献。"为了把 V16 拉下马，村民除了写大字报，"老年人还一户一户去宣传，（说）贪官不能选，要选为老百姓做事的"（P6，2007年6月15日），说"我们要把为人民办事的人选上来。谁是好的，谁是坏的要看清"（V8，2007年7月19日），"选他们（抗争积极分子）做人大代表，毒厂就不会搬到我们这里来"（P6，2007年6月15日）。在这次选举中，P2并没有选上，但是他以独立候选人的资格参选，在很大程度上分流了选票，从而把V16拉下马。村民觉得P2要是积极一点可能就当选了（V13，2007年6月19日）。最后P2和V16所在的选区无人胜出，地方政府也没有组织另行选举。农民觉得，"再选，肯定是P2上去，镇政府不敢了嘛"（V2，2007年6月17日）。P1认为，V16的落选，"是对贪污分子的一个警告，你不相信群众，群众也不相信你"（P1，2007年6月27日）。

181

　　在严重的官民冲突后，地方政府要使社会秩序正常化，往往需要采取一些涵纳性的政策以重新树立统治的合法性（参照：Kolankiewicz 1988，pp. 153 - 154），采取正式的或者非正式的收买（cooptation）策略（Selznick 1966，p. 1315）。村干部V4说："P3人大代表能够选上，完全是顾及到政府和老百姓的关系。政府和老百姓的斗争是紧张的，当时政府是火，老百姓是水，那么需要选一个反对政府的人，所以P3才能选上。"（V4，2007年6月21日）地方政府官员对这些当选人大代表和村干部的抗争代表基本上是持否定态度的。镇领导C6认为："P3之所以能选上，是因为'4.10'留下来的余气还没有退去，觉得他们还是英雄，为村民坐过牢，要给他们奖励。但是问题出在哪里呢？（这些人）大事干不了。"（C6，2007年6月23日）镇干部C14认为"他们出来选，主要是把那些肯干、工作能力好的拉下来"（C14，2007年6月22日）。另一个镇领导C18则将这些抗争代表能够选上，归因于"说到底是老百姓素质低的问题"（C18，2007年6月23日）。但是，那些在选举中获胜的抗争代表，却看到了参政的好处，如P3说："我是堂堂正正的镇人大代表，村里有什么重大事情，我肯定要有权知道的，"

（P3，2007 年 6 月 2 日）"参政是有好处的，我在里面，他们不敢乱来。"（P3，2007 年 7 月 15 日）P3 当了镇人大代表后，还提了一个有关尽快处理好化工园区的土地和污染问题的提案（P3，2007 年 5 月 27 日）。

### 走出华镇

华镇农民抗争的成功促使部分抗争代表走出华镇，参与外界的环保活动。如 P3、V11、P5 等因抗争出名而被邀请参加 NGO 举办的培训活动和研讨会，如《环境影响评价公众参与暂行办法》能力培训、公民应对水污染能力研讨会、公盟法律知识培训等。特别是 P3，因多次参与培训活动，与其他地区的环保抗争代表有过一定的交流与联系，曾到杭州市萧山区南阳镇与环保抗争女将韦东英一起开展过环保调查。支持基层环保诉讼的北京某环保 NGO 的"种子基金"，还向 P3 提供了 2 万元的资助，以支持黄奚村民处理工业园区的环保遗留问题，并资助 P3 购买相应的办公设备，筹办农村环保 NGO。2009 年，北京另一环保 NGO 还到华镇开展过有关环保知识与法律的培训活动。

与外界的联系使华镇农民开始筹办环保 NGO。北京环保 NGO 在"4·10"案件审理过程中，为华镇农民联系了北京律师。农民普遍认为，如果没有环保 NGO 联系的北京律师的辩护，那些被刑事起诉的农民会遭到重判。因此，农民对北京环保 NGO 能力的估计很高。他们打算筹办环保组织，也因有北京 NGO 的鼓励。农民们说，"是北京的 Z 律师让我们办环保协会的，我们本来是不敢的"（P2、P9，2007 年 5 月 27 日）。他们成立环保组织，一方面是想获得一个正式的身份，合法地监督本地企业的环保情况。农民认为："政府肯定是支持企业的，不会支持我们。我们成立了一个单位，你讲我们闹事肯定是讲不来的。我们就合法一点，不然有些工厂我们去看看，他们不让你去看。我们成立了一个单位了，我们就进去检查一下，我认为是可以的。"（P9，2007 年 5 月 27 日）农民认为北京环保 NGO 可以在监督过程中给他们提供很多帮助。V12 说："我们这里的工厂，（我们）把他们的污染情况汇报上去，（问他们）有没有毒，（如果）有毒我们就让它们停产。"（V12，2007 年 5 月 27 日）P2 也对北京的环保 NGO 寄予同样的希望："我们打电话到北京的法律援助中心那里，告诉他们什么化工原料，问他们有没有毒，如果他们电话打下来说是有毒的，他们的支持下来了，我们就要叫它停产。"（P2，2007 年 5 月 27 日）另一方面，农民还希望成立环保组织后，能够走出华镇开展环保宣传活动。他们认为北京 NGO 可以资助他们外出宣传，并保障他们的安全。"我们出去宣传环保，路费之类的花销，都要通过他们（北京 NGO）。现在 D 公司搬迁到江西，我们去宣传环保的话，当地政府也是要抓我们的。我们几个小时没有和北京联系，他们就会来帮我们。（所以）我们要经常和他们联系"（P9，2007 年 5 月 27 日）。当然他们也有很多担忧，比如环保组织能否获得政府承认的问题。我参与观察过一次他们的会议，他们在整个会议中都在讨论组织的合法性问题，特别强调会员要有身份，每个人必须持有会员证，证上必须要有公章等问题。

但是，华镇农民抗争的成功，并没有造就出一个真正意义上的环保积极分子。P3 本最有可能成为坚定的积极分子，但由于他后来以村民代表的身份领了化工园区的土地补偿金后，携款出游，挥霍殆尽，以致那些曾在华镇事件中将他从看守所营救出来的村民，最后又把他送回了看守所。地方政府刚好以此为借口，将 P3 关了半年之后，法院才开始审理此案，P3 最后获刑一年。这次事件对 P3 个人而言，不仅意味着短期内失去了自由，更意味着长期地、甚至永远地失去了通过抗争获得的声誉。北京一环保 NGO 的负责人说："他是把自己毁掉了。NGO 是帮凶，让他不安于种田，又不能持续给予支持。帮他开启了所谓的眼界，却没有更深地了解他的处境以及一个农村年轻人该有的安身立命的踏实。我同时也在反思我们自己，因为我们可能是唯一到过他家乡的 NGO。P3，年轻时就远走他乡，他把'4·10'当成了一个筹码，而且现在也不明白他做的一些事情的真正意义。他的心野了，没有收回来，但又没有飞翔的能力，这就是他的悲哀之处。"（SYT，2009 年 12 月 15 日）

## 对村庄的影响

抗争的胜利进一步提高了老年协会在村庄中的地位，老年协会与村两委在村庄权力结构中呈三足鼎立之势。但是，在权力结构多元化的同时，村庄的权力又有集中的趋势。随着污染这一最大的集体怨恨的解决，大村的选举困境又凸显出来。重点抗争村庄如黄奚村、黄扇村，没有一个候选人在事件后的第一次村委会选举中胜出。经历农民抗争冲击的地方政府，十分乐意看到这个结局，因而没有组织另行选举，而是为两个行政村指定了村务负责人。因而，大村的选举困境与地方政府的控制，使主力抗争村的村委会空巢化，村庄权力事实上集中到了党支部。

### 强势老年会

老年协会为抗争的成功立下了汗马功劳，这使它在决定村庄事务时获得了更大的话语权，"老年协会在村里很有威信"（V13，2007 年 6 月 19 日）。"华镇事件"后，主力抗争村庄中的公共事务若要顺利开展，必须获得老年协会的支持。"老年协会说做得掉就做得掉，老年协会说做不掉就做不掉"（V3，2007 年 6 月 23 日）。特别是有关原化工园区的土地处理问题，老年协会更是将之纳入管辖范围。协会骨干认为，"'4·10'我们老年协会去管了，功劳应归老年协会，化工园土地的处理要经过老年协会。"（P4，2007 年 6 月 23 日）村庄较为重要的事务若没有老年协会的支持，则难以办成。如在 2007 年 5 月，"五村山上有一块空地，Y 市的商人要来开发，村委会已经同意了，但是老年协会没有通过，老年人又去搭棚了"① （C11，2007 年 6 月 25 日）。老年人此次搭棚迫使村委会同 Y 市商人签订了较正式的合同，明文规定黄奚五村山中空地的使用方式，同时要求 Y 市商人支付黄奚五村 1 万 3 千元的土地使用费。但是村委会得到了这笔钱，这令老年协会积极分子很不满。老年人觉得这钱"应该给老年协会，冲锋陷阵是老人，好处都让他们拿去了"（V11，2007 年 6 月 23 日）。

　　老年协会的强势，对村支部和村委会的干部构成了威胁。由市委任命的黄奚五村支部书记 V4 说："'4·10'助长了老年会的歪风，老年人认为政府没有办法对付他们。现在要求参政了，认为村里的事情应该由他们决定。不过他们没有明说，而是在村委会决定后自己另搞一套。"（V4，2007 年 4 月 13 日）当时以抗争代表的身份被黄奚人民选上台的村委 V2，甚至也对老年协会很不满："（老年协会）'4·10'都不怕，（还怕我们？）我们做了什么事情，他们如果说我们这样搞是不行的，明天就煽动起来了。我们做也讲，不做也讲。"（V2，2007 年 6 月 17 日）V2 的妻子也说："现在村干部当了没意思的，都是老年协会说的算。"（P24，2007 年 6 月 17 日）可以说，在"华镇事件"后的一段时间内，主力抗争村庄内的老年协会凌驾于"村两委"之上。退休干部 V13 认为要根据实际情况分析老年协会"凌驾"于村委会之上的情况，要看"凌驾于之上有没有道理"，他认为老年协会大多数的"凌驾"是有一定道理的（V13，2007 年 6 月 19 日）。

　　老年协会对村委会的约束力更大，因为在农村，老年人是最大的留守村庄的群体，老人群体的选举偏好，可以在很大程度上影响村委会选举的结果，因而有能力动员老年人的老年协会拥有了选票

185

---

① 这件事发生时，我恰好在华镇做田野研究。据我了解，老年人去搭棚，是因为黄奚五村村委会与 Y 市的商人所签订的合同过于模糊。老年人担心商人"挂羊头卖狗肉"，名为搞旅游山庄，实为办化工厂。

恐吓（electoral bluff, Binstock 2000）这一武器。"老年协会在选举中起着巨大的作用，他们会碰到一起，谈谈该选谁。村干部对老年协会好一点的，关心一点的，老年协会比较会选，对老年协会不关心不尊重，叫你拿点钱不拿，（他们会形成意见，认为）这个干部不行，不要选他。"（V13，2007年6月19日）因而，在2008年4月底举行的村委会选举中，很多候选人在自己的《创业承诺书》中提到了要为老年人谋福利。如黄奚一村WHL在竞选村委会主任的《创业承诺书》中承诺要"全心全意为人民办实事，以实际行动关心老年事业"；黄扇村的WYQ竞选村委会主任的承诺书也提出要"大力解决老年协会的有关困难，关心帮助老年人的生活。今后，我将着力加强老年协会的经费创收工作，健全协会的管理制度，借鉴一些地方的良好办法，给达到一定年纪的老人发放生活费，我将每年组织老年人出去旅游。"

### 空巢村委会

华镇事件后的第一次村民委员会选举，使两个主力抗争村黄奚村和黄扇村的村委会变成了空巢村委会。我在这里所说的空巢村委会，是指没有班子成员的村委会。因为村委会没有成员，村务往往由村支书或者由镇政府指定的人员负责。村委会空巢化导致村庄权力的集中，影响了村民自治。

空巢村委会的产生有着多方面的原因。农民抗争的影响是独立的作用因子，它同时改变了其他因素起作用的方式和程度。首先，大村的选举困境是空巢村委会产生的重要原因。我在第三章已经比较详细地阐述了大村的选举困境，即候选人要在大村选举中过半胜出十分困难。在2004年年底的村委会选举中，黄奚村的2个候选人是通过抗污反贪的选举宣传获胜的。但在农民成功赶走所有化工厂之后，候选人在2008年的选举中失去了凝聚选票的宣传把手。那些抗争代表虽然比其他候选人更具优势，但依然难以足票胜出。如黄奚五村的P3在2008年的选举中获得1800多张选票，其所获

得的票数在参选村委的候选人中位居第二，但黄奚村在那次选举中
有 6034 名登记选民（参见表 7-2），也就是说 P3 要过半胜出还差
1200 多张选票。黄奚村村委会主任 V1 在 2004 年年底的选举中获
得 4000 多张选票，但是在 2008 年的选举中票数减少到 2500 多张，
比其对手 WHL 仅多 300 多张，仍需 500 多张选票才能胜出。因
"10.20 事件"被判刑、后来积极参与上访的 P2 参加了黄扇村的选
举，获得 705 张选票，离过半胜出仍差 226 张。但是，在另一个主
力抗争村西村，有 3 个候选人过半胜出，抗争代表 P5 在选举中胜
出。但必须注意到的是，西村未受到 2004 年 D 市并村运动的影
响，是全镇三个未被撤并的村庄之一，因而村庄规模较小，没有大
村选举的困境。在黄奚村这个超级村庄中，没有了集体怨恨作为选
举动员的把手，贿选在选票竞争中的作用提高，如 P3 责怪曾经积
极抗争的 P6 帮 V1 的对手 WHL 拉选票："有利益嘛，WHL 给她
2000 块钱。还有老年协会会长也帮 WHL，也有钱给他"　（P3，
2008 年 4 月 24 日）。但是，D 市政府在 2008 年的选举中加紧了对
贿选的控制，导致贿选功能不能充分发挥。正如 V4 所说，"现在贿
选抓得很紧，很难选上"（V4，2007 年 6 月 21 日）。所以，一方
面，抗争经历的影响随着时间的推移而减弱，单纯依靠抗争荣誉的
候选人难以在选举中胜出；另一方面，贿选的功能因政府反贿选的
行动而得不到充分的发挥，具有贿选能力的候选人也难以胜出。

表 7-2　　　　　　　2008 年华镇村民委员会换届选举统计表

| 村庄 | 登记选民数 | 参选选民数 | 是否有候选人选举 | 原定职数 | 两轮选举情况 | | 未产生村委会成员的自然村数 | 换届后村"两委"班子成员总数 |
|---|---|---|---|---|---|---|---|---|
| | | | | | 第一轮选举产生职数 | 第二轮选举产生职数 | | |
| 黄奚 | 6034 | 6033 | 无 | 9 | 0 | | 6 | 3 |
| 黄扇 | 1860 | 1849 | 无 | 5 | 0 | | 4 | 5 |
| 西村 | 875 | 874 | 无 | 5 | 3 | | 0 | 8 |
| 黄凡村 | 5127 | 5099 | 无 | 7 | 1 | | 9 | 9 |
| EX | 1947 | 1919 | 无 | 5 | 1 | | 3 | 5 |

187

| 村庄 | 登记选民数 | 参选选民数 | 是否有候选人选举 | 原定职数 | 两轮选举情况 | | 未产生村委会成员的自然村数 | 换届后村"两委"班子成员总数 |
|---|---|---|---|---|---|---|---|---|
| | | | | | 第一轮选举产生职数 | 第二轮选举产生职数 | | |
| *LF* | *1164* | *1155* | *无* | *5* | *3* | | *1* | *7* |
| *MF* | *2778* | *2771* | *无* | *7* | *3* | | *3* | *9* |
| *LZ* | *3409* | *3407* | *无* | *7* | *4* | | *4* | *9* |
| YF | 1750 | 1727 | 无 | 5 | 1 | | 4 | 5 |
| LX | 2027 | 1993 | 无 | 5 | | | 3 | 4 |
| WZ | 1083 | 1071 | 无 | 3 | 1 | | 1 | 4 |
| HN | 2126 | 2113 | 无 | 5 | 2 | | 2 | 6 |
| WF | 1622 | 1621 | 无 | 5 | 5 | | 3 | 12 |
| XZ | 3044 | 3028 | 无 | 5 | 5 | | 3 | 11 |
| HT | 2280 | 2277 | 无 | 5 | | | 3 | 8 |
| ZW | 810 | 797 | 无 | 4 | 2 | | 0 | 7 |
| SH | 1045 | 1045 | 无 | 4 | 3 | | 1 | 6 |
| LC | 628 | 622 | 无 | 3 | 2 | | | 4 |

（注：1. 斜体粗字部分是在"华镇事件"中参与过抗争的村庄的选举情况；2. 黄奚、黄扇、西村为主力抗争村庄，而黄凡村、LZ、LF、MF、EX为外围抗争村庄）

其次，农民抗争加剧了主力抗争村庄的派系对立。黄凡镇派出所于2005年8月3日呈递的《华镇黄奚近期动态》的汇报中提到："黄奚村现存在新老干部之间的两大阵营。老干部一方以五村人WYF、WRL、WHH、WGH、WGY、WYS、WHM、WHQ等为骨干成员，以及黄奚一村的WJY、黄扇村书记LBM、三村书记WLD、还有两村的WXP等人组成。这些人中的大多数在化工园区建设中有既得利益，在拆棚、拖车、征地等工作中与政府保持一致。新干部一方以五村的V2、V3、WWJ、WRD、P4、WRH、WJD、V10、V11、WRT等以及总村村长V1组成。他们有大多数的村民和绝大部分老人的支持，引起或参与搭棚，在拆棚、拖车、征地等问题上步调与政府不能保持一致。"可以说，"经过'4.10'后，人心比较分散"（V8，2007年4月10日）。派系的对立表现在选举上则为两派对选票的剧烈争夺，"因为谁当选会影响原化工园区土地的处理"（P3，2008年4月24日）。地方政府对"亲政府"派的候选人采取了较宽松的选举控制。如黄奕村村委会主任候选人WHL，在外经商，户口已不在黄奕村，但却被允许参选村委会主任。WHL和V1都是商人，都有能力进行贿选，但是地方政府在控制贿选上，"对V1紧，但是对WHL松"（P10，2008年4月27日）。面对无候选人胜出的局面，曾经积极上访的V11说："选举是块遮羞布，很明显的，我是政治领导，我的意思是他出来，所以老百姓再把你抬出来也没有用"，他甚至认为"不要再选了，矛盾太大了，再搞一次只能增加新的仇恨"（V11，2008年4月27日）。

189

再次，空巢村委会的产生还与无候选人的直接选举方式有关。《浙江省村民委员会选举办法》第三条规定，村民委员会选举"可以实行有候选人的差额选举，也可以实行无候选人的选举"。D市在2008年的选举中采取了无候选人的直接选举。这种选举办法导致两个结果：（1）选票分散，进一步降低候选人过半胜出的可能；（2）大大提高了无效选票的比例。在投票时，选民须直接填写被选举人的姓名，这对大多数文化程度不高的农民来说是个挑战，很多选票因无法辨识而被作废。比如V1的名字，在黄奕村有3个村民与V1同名，而且黄奕四村内就有一村民与V1姓名相同。所以，如果在选举中要选原村委会主任V1，必须填上"四村六份V1"才是有效投票。

最后，地方政府的控制是空巢村委会出现的最重要的原因。在第一轮选举无人胜出的情况下，深受农民抗争冲击且认为村委会干部是幕后策划者的镇政府，十分乐意看到无人胜出的局面，因而没有组织另行选举。根据《浙江省村民委员会选举办法》第28条规定："当选不足三人或者主任、副主任都未选出的，应当就不足的名额进行另行选举。另行选举可以实行有候选人的选举，也可以实行无候选人的选举。实行有候选人选举的，应当实行差额选举，正式候选人按未当选人得票多少为序确定。另行选举以得票多的当选，但得票数不得少于参加投票选民的三分之一。另行选举应当在选举投票日当日或者在选举投票日后的三十日内举行。"从表 7－2可以看出，在 2008 年村委会选举中，10 个村庄在第一轮选举出来的村委会成员均不足 3 人，且黄奚村和黄扇村无人胜出，但地方政府都未组织另行选举，而是直接任命村务负责人。不少村民清楚地

190

认识到空巢村委会对村民自治的破坏，要求再选。村民认为，"还是选起来好，有个机构，选比不选好。这样有什么事情，支委和村委也好商量一下，村委也可以监督支委。选不出来，机构不全，老百姓是要吃亏的"（V12，2008 年 4 月 28 日）。不少村民还认为，村委会选不出来，就是村支书领导一切，党控制一切（P3、V11、P10，2008 年 4 月 27 日）。

所以，空巢村委会的出现一方面是因为大村的选举困境以及抗争后村庄派系对立的结果；另一方面（也是更重要的原因），地方政府在第一轮选举无人胜出的情况下，没有根据法律规定进行第二轮选举，因为如果根据法律规定另行选举，一定不会出现空巢村委会的情况。所以，从表面上看，华镇事件中的主力抗争村庄的权力结构因加入老年协会而更显多元，但因空巢村委会的出现，使黄奚村和黄扇村这两个主力抗争村出现了权力集中到党支部的现象。因为村委会在村庄中的权力可以说是一种先占性的权力（preemptive power，Stone 1988），是在议程制定过程中起作用的权力；而老年协会在村庄中所拥有的权力，从总体上看是一种否决权（veto power），一般只能起到否定"村两委"某一决定的作用。

## 对经济发展的影响

从事件过去几年后的眼光来看，大规模的农民抗争对华镇的

经济发展产生了负面的影响。首先，黄奚人虽然赢得了英勇抗争的好名声，但黄奚却被企业家视为民风彪悍、不利投资之地，"企业家对黄奚人失去了信心"（C20，2007 年 6 月 20 日）。原工业园区上千亩土地在浙江这个寸土寸金的省份闲置了五年①，企业家认为黄奚"社会舆论太差"，不敢前来投资（C2，2007 年 4 月 10 日；C11，2007 年 6 月 25 日）。退休干部 V13 说："有些企业家来看了后，越看越怕。为什么怕呢？企业还没有开工，干部就谈起了钱。他们很怕这个东西，社会环境不好，不敢来。我们 D 市这个地方，隔壁是 Y 市，Y 市这个地方受到土地的限制，土地都搞光了，办厂都没有地方去了，我们 D 市这里有土地。可是他们一来考察，却说你这里村风不好，社会环境不好，不敢来，不敢来。结果黄奚这个地方，有这么好的一块地，他们来看了以后，他们就怕。什么厂生产过程都是会产生一点污染的，他们就怕了，不敢来了。所以'4·10'对我们有帮助，但另一方面也是有很大的反作用的。"（V13，2007 年 6 月 19 日）华镇事件不仅在很大程度上影响了华镇的招商引资，也在一定程度上影响了整个 D 市经济的发展。根据 D 市一份政府报告显示："由于种种原因，近些年来特别是华镇事件以后，我市城市创建的力度受到严重削弱，无论是在硬件方面，还是在软件方面，都造成了许多历史欠账。这些历史欠账，不是一年两年就能弥补的"（D 市市政府 2008）。华镇分管工业的副镇长更加悲观地预期："过了 10 年、20 年后，黄奚人要为这个事件感到后悔的。你看好了，黄奚这个地方永远发展不起来。"（C18，2007 年 6 月 29 日）

　　工业园区仅剩的一家企业的生存状况，更让投资者望而却步。D 市 SD 公司是华镇事件后唯一生存下来的企业。这家企业之所以能够生存下来，是因为：（1）该公司董事长 V15 被称为

191

① 2010 年 5 月 4 日，华镇一位镇干部给我发来信息，告知政府彻底完成了桃源工业园区的土地征用，已开始招商引资。

"孝敬老人的楷模"："V15 不仅是母亲眼里的大孝子，也是全镇人民公认的敬老典型。自 1987 年以来，V15 都要向全镇 70 岁以上的老人进行春节慰问。连续 20 年，累计慰问老人 60000 多次，慰问款总额达 200 万元。期间，行政区划多次调整，先是 1992 年撤扩，并 HT 乡入黄凡镇，再是 2003 年黄凡镇与黄奚镇合并为华镇，70 岁以上老人由不到 2000 人增加到近 3000 人再增至 4700 人。虽然，开支大幅度上升，但是只要同属一个镇，V15 都一视同仁。"（《孝敬老人的楷模》（作者不详））（2）V15 是 J 市人大代表、D 市人大代表，继续留下办厂也获得了政府的支持。但是，华镇事件后，农民并没有因为以上两个原因"仁慈"地对待这家本地企业。相反，监督它的生产成为农民在抗争中培养起来的行动热情的出口。2006 年 8 月 28 日，SD 公司在提交给市委、市政府的《关于生存环境的情况汇报》中抱怨道："去年黄奚'4·10 事件'后，我公司通过国家级环保专家的鉴定，并由市政府下文获准在桃源化工功能区保留。原桃源化工功能区众多企业，仅剩我们一家。对于市政府来说，我公司的生存状况也就是黄奚投资环境的一个风向标；对于我们公司来说，逃过劫难九死一生，既是机遇也是考验。一年多来，我们在风风雨雨中走过，小小心心担惊受怕坚持到今天。虽然，我们笑脸相迎、好话相告，息事宁人以保平安，做了大量耐心细致、艰苦卓绝的工作，但还是没有能够感动'上帝'，改变受扰局面。由于生存环境的影响，现在我们已经无能为力，公司也将难以为继。"SD 公司列举了如下"受扰"事实："今年〔2006〕五月以来，所在地黄奚五村老年协会经常有成员来我公司'检查'，'监督'，或三三两两，或成群结队。最多的时候，一天 3 批，人数最多的一批达 70 多人。8 月 1 日，省环保局环境监察总队环境应急科科长 ZSH 一行来公司环保监测认可后，8 月 3 日，五村老年人每天两班，每班两人进驻我厂，24 小时看守大门，至今没有撤离的迹象，并且几乎每天都另有他人过来。人数较多的几次列举如下：

8月4日晚上，五名老太太来厂；8月7日晚上，一家伙来了七十多人；8月11日，来了六人；8月17日，先后来了三批计有七十多人，还有老太太要拉闸将电源切断；8月21日五人；8月24日四人，还责令关了东大门，车辆只能从后边门进来。最近几天，又有人扬言要像去年那样搭棚堵车，事态很有可能进一步扩大，形式十分严峻。"SD公司的这种生存状况，让潜在的投资者直摆手，"不敢来，不敢来"。

　　上千亩土地荒废五年还是官民互不信任、互相争利的结果。农民是希望土地得到合理利用的。黄奚总村老年协会会长说："现在事情过去了，我们应该往前看，应该讲和谐社会。工业园区现在放在那里，没有处理好。无工不富、无农不稳，应该把好的企业引进来。"（V10，2007年4月10日）另外一个老年协会骨干也说："现在干群关系比以前好多了，但是目前做得还不够，要把土地用起来。"（V9，2007年4月10日）上访积极分子V11认为："化工园区荒在那里，D市政府是有愧于黄奚人民的。荒在那里，（农民）动又不能动。D市政府如果真正地为黄奚人民着想，为D市人民着想，应该通过什么渠道好好处理，把老百姓的心平下去。"（V11，2007年6月23日）而事实上，地方政府急需土地发展第二、第三产业。华镇的领导班子成员常抱怨，"现在是土地问题制约了整个经济的发展"（C11，2007年5月28日），因为华镇一年企业用地指标仅有50亩左右，如2007年的指标是55亩，而2006年仅有30余亩（C9，2007年5月28日）。原化工园土地久拖不决，问题出在官民互相争夺招商引资权。一方面，村民不放心政府招商引资（P10，2010年1月26日），"老百姓仍有顾虑，以前政府讲话不算数"（V10，2007年4月10日），现在"怕政府骗我们，怕有污染的企业搬进来"（V9，2007年4月10日）。政府也不想放弃这块大肥肉，让利于民，让村民自己组织起来招商引资，而政府仅享受建筑物入股的分红。另外，"拖"是政府的一种策略。一方面，新上任的领导以过客心态去处理工业园区的遗留问题，只求自已在任时不发生群体性冲突；另一方面，他们希望拖到黄奚农民主动要求发展了，再讨论土地征用的问题。但是，因为市政府每年照旧支付土地补偿金给村民，大部分村民也愿意与地方政府耗下去。

## 小　结

本章讨论抗争对政府、农民和村庄的影响。农民抗争促进了政策的执行，使地方政府在政策执行上短暂地出现了"选择性倒挂"的现象。抗争是一个火警机制，促使官员进行学习与反思，从而促成政策的制定。作为学习的一个结果，地方政府还加强了对基层组织的控制。抗争增强了农民的政治效能感，降低他们对地方政府的信任，也激发他们在政治参与和积极行动上的热情。但因种种因素的制约，农村抗争者难以蜕变成坚定的积极分子。农民的抗争使老年协会在村庄拥有了更大的权力，但由于抗争的影响，两个主力抗争村庄的村委会变成了空巢村委会。村庄的权力在结构多元化的表象下，事实上变得更加集中。另外，从经济发展的角度来看，华镇农民的抗争对当地的经济发展产生了一定的消极影响。

# 结　论

在 2006 年环保专项行动启动会议上，国家环保总局局长周生贤指出："一些地方的领导干部环境法治意识淡薄，不惜以牺牲环境为代价，盲目追求经济增长，将工业园作为环境执法的'飞地'，实行特殊保护，'针插不进、水泼不进'，工业园区成了新的污染源、社会矛盾的'集中点'。"（刘世昕 2006b）华镇事件是这种矛盾集中点的爆发，但华镇农民的抗争却铲除了"针插不进、水泼不进"的"飞地"。

本研究以华镇事件为个案，探讨当代中国农民环保集体抗争获胜的机制。我认为，华镇农民之所以能成功地迫使地方政府关闭严重污染环境的化工园，是因为他们把"抗毒"与"反贪"这两个框释有机联合起来，巧妙利用村庄正式社会组织为动员结构，创造性开发属于老年人的抗争机会，从而增强了农民的抗争力量，制约了地方政府的回应。

## 农民的力量与政府的约束

华镇农民拥有的抗争力量，是农民自觉反思失败经历的结果，也是各级政府自我调整的意外后果。农民从失败的抗争经历中自我学习，在其后的抗争中，利用村庄正式社会组织进行抗争动员，开发属于老年人的抗争机会，努力降低地方政府压制的风险。各级政府的自我调整，为农民的抗争提供了各种政治机会，同时也制约了自身回应抗争的能力。

中央为加强政权合法性而作的自我调整，增强了华镇农民的抗争力量。面对日益恶化的生态环境以及由此引发的集体抗争，中央在 2003 年提出了以人为本、科学发展观等新的政治话语，同时推进了环境法制建设。为了减少征地引发的社会冲突，中央政府加紧了对土地的宏观调控，加大了对违法用地者的处罚力度。这样的调整，为农民抗争提供了各种政治机会。地方政府要消减中央提供的政治机会，但又要敷衍上级的监督，因而制造了一些表面公文，由此产生了一些形式政治机会，为农民的直接行动提供了合法性（参见第二章）。对中国抗争者而言，扰乱式抗争的合法性至关重要（Cai 200b，p. 164），因为它是赢得公众支持和高层介入的基础，因而也是能否增强抗争力量的关键。华镇农民依据中央的话语和政策，手握地方政府制造的表面文件，有理有力地搭棚堵路抗争，不断赢得公众的支持，直至引发高层的介入，给地方政府造成极大压力。

地方政府为寻求进一步发展而进行的自我调整，也意外地增强了农民的抗争力量。为了发展特色工业、发挥产业规模效应，D 市政府于 2000 年推出了"三区十园"的发展战略，将企业规划入园入区。企业的集中也导致了污染的集中，这扩大了怨恨群体的规模，增强了怨恨的强度，从而使环保抗争动员一呼百应。为了整合村庄资源，更好地进行新农村建设，D 市市政府在 2004 年年底开展了大刀阔斧的撤并村庄运动。村庄合并直接削弱了地方政府在基层的力量，因为在大村选举逻辑下胜出的村干部，不再总是唯地方政府马首是瞻，超级大村往往成为"失控的村庄"（O'Brien 1994）。华镇的抗争代表还通过联票参选村民委员会职位，将抗争的议程融入合法的选举程序，得以在由多个村庄合并而成的大村中开展抗污总动员。因而，合并后的村庄，更成了华镇农民抗争的合法动员平台（参见第三章）。

地方政府在发展过程中过度地为经济保驾护航，是农民各种怨

196

恨的共同制造者，不同的怨恨因指向的一致，有了整合的基础。华
镇农民在搭棚抗争前，经历了多重怨恨，包括处理"10·20事件"
相关人员引发的怨恨、污染促发的怨恨、腐败导致的怨恨以及在上
访过程中形成的怨恨。这些怨恨因制造者的一致，促成怨恨指向的
一致。抗争者通过提出"抗毒反贪"的联合框释，有效整合了各种
怨恨，极大地动员了农民的抗争参与（参见第一章）。

　　农民抗争力量的增强，是从失败的抗争经历中自觉学习的结
果。威胁促进政治学习。强力控制的威胁促使华镇农民从失败的抗
争经历中吸取教训，创新了抗争策略。华镇农民采取以老年人为主
体的搭棚抗争，充分发挥了老年群体的组织优势和抗争优势，从而
改变了华镇农民抗争的整个动态过程，也改变了抗争中的官民力量
对比（参见第二章）。

　　除了策略创新，华镇抗争充分发挥了老年群体的组织优势，使
老年协会这一村庄正式组织，充当了抗争的主导动员结构。老年协
会安排老人值班，给值班人员发工资，向不遵从的老人施压，协调
各个村庄之间的抗争活动。老年协会骨干还巧妙地利用了社会群体
边界与社会组织边界的重合，模糊组织化动员与个体性参与的边
界，降低了组织动员的风险，保证了抗争的组织性和相对的安全
（参见第三章）。

　　华镇老年人搭棚抗争的策略制约了政府的响应，限制了地方
政府强制力的发挥效果。在华镇农民抗争过程中，老年群体利用
独有的化弱为强的优势，在抗争早期制约地方政府强制力的发挥，
迫使它诉诸情感工作加以回应（参见第五章）。在抗争中期，老年
人利用政府情感工作的乏力，采取激烈而不过分的策略性戏剧表
演，进一步动员了村民，维持公众对环保抗争的支持。面对老人温
和而持续的抗争，地方政府最后诉诸强力，但过度的硬力控制不但
未能制服抗争中的农民，还把抗争者送上了道德高地。在搭棚现
场，华镇农民以抗争景观为传播媒介，直播抗争表演，向公众展示
政府的强力行动，解构官方对事件的建构（参见第四章）。华镇农

民的抗争以及广泛的公众支持，引发了高层政府的介入，力量的天平最终倾向华镇农民，地方政府被迫作出了彻底的妥协，关闭了整个化工园。

地方政府因过度强力控制失去了面子和民心，在后来"必须进行"的以法控制中，不得不"慎用法力"。为了挽回面子和维护权威，地方政府对与"4·10"案件相关人员进行了以法控制；但为了挽回民心，地方政府又不得不从宽处理，轻判被刑事起诉的村民。另外，地方政府在华镇事件后执行了惠民政策，增加了公共产品的提供，试图缓解紧张的官民关系。华镇镇领导 C7 说："华镇事件从另外一个角度来看，是中国社会的一种进步。……老百姓对权力制约得到了提高，是民主的进步。……越发展下去，政府是有限政府，必须接受老百姓的制约，这很正常。"（C7，2007 年 7 月 17 日）

## 调解模型与对抗模型

对集体抗争胜利的解释有两种路径：调解模型和对抗模型。如在研究美国民权运动的文献中，支持调解模型的研究者认为，黑人民权运动在一些城市取得成功，主要是因为白人种族隔离者的暴力引发了联邦政府的介入，黑人抗争的成功是联邦政府调解的结果（McAdam 1982，1983，2000；Barkan 1984）。持这一观点的研究者基本假定，抗争群体单靠自身力量不足以赢得胜利，因而必须动员第三方的支持（Lipsky 1968）。Morris（1993）虽然同意第三方介入的作用，但他认为民权运动对各种策略的高效运用，是抗争胜利的主要原因。大量黑人起而反抗，破坏了当地的经济和政治秩序，从而迫使白人权力集团（特别是经济精英）向运动作出了妥协。Morris 的理论属于对抗模型的解释路径。

对中国集体抗争胜利的解释，调解模式似乎占据支配地位。欧博文和李连江提出的依法抗争理论，是典型的调解模型，因为依法抗争者主要利用的是不同层级政府之间的分裂以及社会公众对地方政府的压力（O'Brien and Li 2006，p.2）。而对于扰乱式的抗争，高层的介入也会显著地提高集体抗争胜利的可能。但高层介入是一种稀缺资源，只有产生严重影响（如引发大量人员伤亡）的抗争，才有可能触发高层介入。当然，也有一些抗争在没有高层介入的情况下获得了成功，因为这些抗争足够有力，威胁到了社会稳定，或可能引来中央介入（Cai 2008b，2008c，2010）。

那么哪一种模型更能解释华镇农民抗争的胜利？前面的分析显示，华镇农民通过建立联合框释，开发属于老年群体的机会，充分利用村庄正式社会组织，将大量农民动员到抗争中，给地方政府施加了巨大的压力。我们看到，在未发生"4·10事件"前，也就是未有高层政府介入前，农民已获得相当的抗争成果：在农民搭棚抗争第二天，市政府就出台了污染补偿方案；2005年4月2日，桃源工业园内的所有企业全部停产；4月6日，市政府又承诺通过"十条意见"加强环保、改善环境。农民在搭棚抗争之初提出的目标，是希望获得补偿，让企业做好环保工作，没有意料到可以将所有化工企业赶出村庄。如果将抗争成功定义为抗争者最初提出的目标获得实现（Cai 2010，p.8），那么可以说，华镇农民在"4·10事件"前就已基本获得了抗争的成功。但是，高层的介入将华镇农民的抗争推向更大的胜利。"4·10事件"作为一个过度但却失败的强力控制，不仅显示了地方政府的脆弱，还把抗争者送上了道德高地，进一步动员了农民的抗争参与，并使社会公众压倒性地支持抗争中的农民。农民有力的抗争以及广泛的公众支持，最终促发了高层的介入。地方政府在多重压力下，被迫作出了彻底的妥协：关闭整个工业园。因而，华镇农民通过策略性的、强有力的抗争获得了基本的成功，而高层的介入将农民的基本成功推向了更大的胜利。所以，对华镇农民的抗争而言，调解模型和对抗模型均有相应的解释力，并不是互相冲突的理论模型。

199

## 中国农民的环保抗争

华镇农民的抗争历程，向我们展示了中国农村环保抗争的几个可能特征：（1）农民会反抗预期的污染；（2）农村的环保抗争常与其他议题的抗争交织在一起；（3）中国农村的环境问题容易导致大规模的农民抗争；（4）农民的环保抗争在一定程度上促进了环保政策的制定；（5）农民的环保抗争具有局限性。

首先，农民能够开展前瞻性的环保抗争，反对预期的污染。Tong（2005，p. 178）的研究指出："不少调查显示，中国公众的环保意识很低。总体而言，对一个长期陷于贫困的社会而言，民众更渴求物质财物，而不是清洁的环境。但是，当环境污染影响到生存条件时，那些受污染之害的农民会采取行动，以解决他们的问题。"中国农民的环保抗争，更被认为是由严重污染驱动的。华镇农民早期的环保抗争经历，说明如果农民知晓与规划项目相关的环境危害信息，会起而反抗预期的污染。华镇农民在 2001 年开展的暴力抗争，是因为他们从《画像》这一传单中获知，待引入的化工企业将给他们带来种种危害。那时，他们反抗的是预期的污染（参见导论）。中国农民的环保抗争更多地表现出事后性特征，主要是因为他们缺乏相关环境信息。环保部门对待规划项目的潜在污染信息，通常采取"不公开是惯例，公开是特例"的做法。因而，我们有理由预期，如果从 2005 年 5 月 1 日开始实施的《环境信息公开办法（试行）》能够获得切实的执行，中国农村将有更多前瞻性的环保抗争。

其次，农村的环保抗争常与其他议题的抗争错综交织，且农民会借助其他议题的抗争反对污染公害。华镇的环保抗争与农民反抗地方政府侵占土地、反对村干部贪污腐败等议题的抗争结合在一起。另外，农民主要"借土地问题做环保文章"，因为中央的土地政策比环保政策提供了更具体、更具操作性的硬机会（参见第二章）。

　　再次，环境问题会导致大规模的农民抗争。前后有22个村庄参与的华镇事件，显示了环境议题在中国农村的抗争动员力。没有哪一个社会议题比环境问题更能穿透阶级、身份等社会界限，无差别地影响污染区内的每一个居民。因此，污染危害的无差别性容易扩大环保抗争的规模。另外，环保问题往往成为其他类型抗争的触发议题（initiator issue），从而形成多议题的抗争，如华镇农民的环保抗争引发了反贪污抗争。不同抗争议题之间的连带，使华镇农民得以提出"抗毒反贪"这一极具动员力的联合框释，从而扩大了农民集体抗争的规模（参见第一章）。

201

　　第四，农民的环保抗争能在一定程度上推动环保政策的制定。在没有民主选举的威权国家中，集体抗争可以充当促进政府责任的社会机制（societal mechanism of accountability）（Smulovitz and Peruzzotti 2000）。华镇农民抗争以及同年发生的其他几起环保群体性事件，促使浙江省政府提出"生态浙江"的发展战略，推动了浙江环保新政的出台（参见第七章）。因而可以说，农民的环保抗争在一定程度上推动了中国的环保进程。

　　最后，农民的环保抗争具有局限性。中国农民的环保抗争与属于新社会运动的西方环保运动（Melucci 1980；Offe 1985；Kriesi 1989）不同，不是意识形态驱动的行动（ideologically structured action）（Dalton 1994），不是为了追求某一价值，或彰显某种身份，而是一种生存抗争。华镇农民的环保意识有其局限性，反映在农民对"自己人"制造的污染表现出很大的容忍（参见第一章），更体现在华镇农民环保抗争领袖自身也从事污染生意（参见第七章）。另外，华镇农民的环保抗争在主张上类似于西方的邻避运动（Not in My Backyard），农民虽然认为将污染企业搬到黄溪是一种环境不公，但在上访中，他们却建议政府将这些污染企业搬至经济较为落后的江西。

　　华镇农民成功赶走的化工企业，并没有真正消失。逐利的资本在污染了一方后，流向另一片干净的土地。农民环保抗争的胜利，改善了一地的环境，却往往意味着别处的遭殃。因而中国总体环境的维护，归根到底需要各地各级政府的共同努力。

# 附录一  华镇事件访谈对象

**市、镇干部**

C1，市领导

C2，市领导

C3，市领导

C4，市领导

C5，市领导

C6，镇领导

C7，镇领导

C8，镇领导

C9，镇领导

C10，镇领导

C11，镇领导

C12，镇领导

C13，镇领导

C14，镇干部

C15，镇干部

C16，镇干部

C17，镇干部

C18，镇干部

C19，镇干部

C20，镇干部

C21，镇干部

C22，镇干部

C23，镇干部

C24，镇干部

C25，镇干部

C26，镇干部

C27，镇干部

C28，镇干部

C29，镇干部

C30，镇干部

C31，镇干部

C32，镇干部

**村庄权力精英**

V1，村干部

V2，村干部

V3，村干部

V4，村干部

V5，村干部

V6，村干部

V7，村干部

V8，老年协会领袖      P10，村民

V9，老年协会领袖      P11，村民

V10，老年协会领袖     P12，村民

V11，老年协会领袖     P13，村民

V12，老年协会领袖     P14，村民

V13，退休干部         P15，村民

V14，退休干部         P16，村民

V15，企业家            P17，村民

V16，村干部           P18，村民

P19，村民

P20，村民

**村民**                   P21，村民

P1，抗争代表        P22，村民

P2，抗争代表        P23，村民

P3，抗争代表        P24，村民

P4，抗争代表

P5，抗争代表

P6，抗争代表        **其他访谈对象**

P7，村民            SYT，北京 NGO 负责人

P8，村民            SYP，湖北学者

P9，村民            WXF，重庆农民抗争代表

# 附录二

## 2003—2004 年中央政府有关整顿土地市场的文件

| 时间 | 文件名 | 发文单位 | 主要内容 |
|---|---|---|---|
| 2003 年 2 月 18 日 | 《关于清理各类园区用地加强土地供应调控的紧急通知》 | 国土资源部 | 严格控制土地供应总量。 |
| 2003 年 2 月 21 日 | 《进一步治理整顿土地市场秩序工作方案》 | 国土资源部 | 明确土地治理整顿的指导思想和原则、工作范围和主要内容。 |
| 2003 年 7 月 18 日 | 《国务院办公厅关于暂停审批各类开发区的紧急通知》 | 国务院办公厅 | 暂停审批新设立和扩建各类开发区；国家级开发区确需扩建的，须报国务院审批；对于突击审批和突击设立开发区的行为，要严肃追究有关行政领导和当事人的责任。 |
| 2003 年 7 月 30 日 | 《国务院办公厅关于清理整顿各类开发区加强建设用地管理的通知》 | 国务院办公厅 | 对未经国务院和省级人民政府批准擅自设立的各类开发区，以及虽经省级人民政府批准，但未按规定报国务院备案的各类开发区，先整改；对缺乏建设条件、项目、资金不落实的，要坚决停办，所占用的土地要依法坚决收回，能够恢复耕种的，要由当地人民政府组织复垦后还耕于农，严禁弃耕撂荒。 |

| 时间 | 文件名 | 发文单位 | 主要内容 |
|---|---|---|---|
| 2003 年 11 月 3 日 | 《国务院关于加大工作力度进一步治理整顿土地市场秩序的紧急通知》 | 国务院 | 坚决纠正违规擅自设立开发区、盲目扩大开发区规模的现象。该撤销的要坚决予以撤销，该核减面积的要坚决予以核减，该缩小范围的要坚决予以缩小，该扣回用地指标的要坚决予以扣回。各地对违反规定乱批、乱占、滥用耕地的，要坚决严肃处理，绝不姑息。 |
| 2003 年 12 月 30 日 | 《国家发展和改革委员会、国土资源部、建设部、商务部关于清理整顿现有各类开发区的具体标准和政策界限的通知》 | 相关部委 | 对县级及以下政府批准设立的各类开发区，一律撤销；开发区现有项目用地纳入城镇规划统一管理；不能纳入城镇规划的，要坚决收回所占用的土地；对瞒报、漏报等未纳入清理整顿工作范围的开发区，一律撤销，坚决依法收回所占用的土地。 |
| 2004 年 4 月 29 日 | 《国务院办公厅关于深入开展土地市场治理整顿严格土地管理的紧急通知》 | 国务院办公厅 | 继续深入开展土地市场治理整顿；严格建设用地审批管理；切实保护基本农田等。 |

# 参考文献

Agnello, Thomas J. 1973. "Aging and the Sense of Political Power-lessness." *The Public Opinion Quarterly* 37（2）：251 - 259.

Alinsky, Saul David. 1971. *Rules for Radicals：A Practical Primer for Realistic Radicals.* New York：Vintage Books.

Almeida, Paul and Linda Brewster Stearns. 1998. "Political Op-portunities and Local Grassroots Environmental Movements：The Case of Minamata." *Social Problems* 45（1）：37 - 60.

Alpermann, Björn. 2001. "The Post - Election Administration of Chinese Villages." *The China Journal* 46：45 - 67.

Alvarez, Sonia. 1990. *Engendering Democracy in Brazil：Women' s Movements in Transition Politics.* Princeton：Princeton Uni-versity Press.

Aminzade, Ron and Doug McAdam. 2002. "Emotions and Contentious Politics." *Mobilization：An International Quarterly* 7（2）：107 - 109.

Andrews, Kenneth T. 2001. "Social Movements and Policy Imple-mentation：The Mississippi Civil Rights Movement and the War on Pov-erty, 1965 to 1971." *American Sociological Review* 66（1）：71 - 95.

Arendt, Hannah. 1968. *Between Past and Future：Eight Exercises in Political Thought.* New York：Viking Press.

Atkinson, Joshua. 2005. "Conceptualizing Global Justice Audi-ences of Alternative Media：The Need for Power and Ideology in Performance Paradigms of Audience Research. " *The Communication Review*8 (2): 137 - 157.

Atton, Chris. 2002. *Alternative Media.* London: Sage.

Bakhtin, Mikhail. 1968. *Rabelais and His World.* Cambridge: MIT Press.

Barkan, Steven E. 1984. "Legal Control of the Southern Civil Rights Movement. " *American Sociological Review* 49 (4): 552 - 565.

Barkan, Steven E. 2006. "Criminal Prosecution and the Legal Control of Protest. " *Mobilization: An International Quarterly* 11 (2): 181 - 194.

Beeman, William O. 1993. "The Anthropology of Theater and Spectacle. " *Annual Review of Anthropology* 22: 369 - 393.

Benford, Robert D. and David A. Snow. 2000. "Framing Processes and Social Movements: An Overview and Assessment. " *Annual Review of Sociology* 26: 611 - 639.

Benford, Robert D. and Scott A. Hunt. 1992. "Dramaturgy and Social Movements: The Social Construction and Communication of Power. " *Sociological Inquiry* 62 (1): 36 - 55.

Berglund, Frode. 2006. "Same Procedure as Last Year? On Political Behavior amongst Senior Citizens. " *World Political Science Review* 2 (1): 99 - 118.

Bernstein, Thomas P. andXiaoboLü. 2003. *Taxation without Representation in Contemporary Rural China* . New York: Cambridge University Press.

Binstock, Richard H. 2000. "Older People and Voting Participation: Past and Future. " *The Gerontologist* 40 (1): 18 - 31.

Brady, Anne – Marie. 2008. *Marketing Dictatorship: Propaganda and Thought Work in Contemporary China.* Lanham: Rowman and Littlefield.

Brockett, Charles D. 1991. "The Structure of Political Opportunities and Peasant Mobilization in Central America." *Comparative Politics* 23 (3): 253 - 274.

Brockett, Charles D. 1995. "A Protest - Cycle Resolution of the Repression/Popular - Protest Paradox." pp. 117 - 144 in *Repertoires and Cycles of Contention*, edited by M. Traugott. Durham: Duke University Press.

Brysk, Alison. 1995. " 'Hearts and Minds': Bringing Symbolic Politics Back In." *Polity* 27 (4): 559 - 585.

Burstein, Paul, Rachel Einwohner and Jocelyn Hollander. 1995. "The Success of Political Movements: A Bargaining Perspective." pp. 275 - 295 in *The Politics of Social Protest: Comparative Perspectives on States and Social Movements*, edited by Bert Klandermans and J. Craig Jenkins. Minneapolis: University of Minnesota Press.

Cable, S. and Shriver, T. 1995. "Production and Extrapolation of Meaning in the Environmental Justice Movement." *Sociological Spectrum* 15: 419 - 442.

Cai, Yongshun. 2008a. "Social Conflicts and Modes of Action." *The China Journal* 59: 89 - 109.

Cai, Yongshun. 2008b. "Disruptive Collective Action in the Reform Era." pp. 163 - 178 in *Popolar Protest in China*, edited by Kevin J. O'Brien. Cambridge: Harvard University Press.

Cai, Yongshun. 2008c. "Power Structure and Regime Resilience: Contentious Politics in China." *British Journal of Political Science* 38 (3): 411 - 432.

Cai, Yongshun. 2008d. "Local Governments and the Suppression of Popular Resistance in China." *The China Quarterly* 193 (1): 24 - 42.

Cai, Yongshun. 2010. *Collective Resistance in China: Why Popular*

*Protests Succeed or Fail.* Stanford: Stanford University Press.

Campbell, Andrea L. 2003. "Participatory Reactions to Policy Threats: Senior Citizens and the Defense of Scoail Security and Medicare. " *Political Behavior* 25 (1): 29 - 49.

Campbell, John C. and John M. Strate. 1981. "Are Old People Conservative?" *The Gerontologist* 21 (6): 580 - 591.

Costain, Anne N. 1992. *Inviting Women's Rebellion: A Political Process Interpretation of the Women's Movement.* Baltimore: Johns Hopkins University Press.

Couldry, N. and J. Curran. 2003. *Contesting Media Power: Alternative Media in a Networked World.* Lanham: Rowman and Littlefield.

Crenson, Matthew A. 1972. *The Un - Politics of Air Pollution: A Study of Non - Decisionmaking in the Cities.* Baltimore: The Johns Hopkins Press.

Cumming, Elaine and William Henry. 1961. *Growing Old.* New York: Basic Books.

Cutler, Stephen J. and Robert L. Kaufman. 1975. "Cohort Changes in Political Attitudes: Tolerance of Ideological Nonconformity. " The Public Opinion Quarterly 39 (1): 69 - 81.

Dalton, Russell J. 1994. *The Green Rainbow: Environmental Groups in Western Europe .* New Haven: Yale University Press.

D'Arcus, B. 2003. "ContestedBoundaries: Native Sovereignty and State Power at Wounded Knee, 1973. " *Political Geography* 22 (4): 415 - 437.

Davidson, Debra J. and Scott Frickel. 2004. "Understanding Environmental Governance: A Critical Review. " *Organization and Environment* 17 (4): 471 - 492.

della Porta, Donatella and Mario Diani. 1999. *Social Movements.* Oxford: Blackwell.

210

della Porta, Donatella. 1999. "Protest, Protesters, and Protest Policing: Public Discourse in Italy and Germany from the 1960s to the 1980s." pp. 66 - 96 in *How Social Movements Matter*, edited by Marco Giugni, Doug McAdam and Charles Tilly. Minneapolis: University of Minnesota Press.

Diani, Mario and Doug McAdam. 2003. *Social Movements and Networks: Relational Approaches to Collective Action*. New York: Oxford.

Downing, John et al. 2001. *Radical Media: Rebellious Communication and Social Movements*. Thousand Oaks: Sage.

Downs, Anthony. 1967. *Inside Bureaucracy*. Glenview: Scott, Foresman and Compant.

Durkheim, Emile. 1965 [1915] . *The Elementary Forms of the ReligiousLife*. New York: Free Press.

Earl, Jennifer. 2003. "Tanks, Tear Gas, and Taxes: Toward a Theory of Movement Repression." *Sociological Theory* 21 (1): 44 - 68.

Earl, Jennifer. 2004. "Controlling Protest: New Directions for Research on the Social Control of Protest." *Research in Social Movements, Conflicts and Change* 25: 55 - 83.

Earl, Jennifer. 2005. " 'You can Beat the Rap, but you can't Beat the Ride': Bringing Arrests Back into Research on Repression." *Research in Social Movements, Conflicts and Change* 126: 101 - 139.

Edin, Maria. 2003. "State Capacity and Local Agent Control in China: CCP Cadre Management from a Township Perspective." *The China Quarterly* 173: 35 - 52.

Einwohner, Rachel L. 1999. "Practices, Opportunity, and Protest Effectiveness: Illustrations from Four Animal Rights Campaigns." *Social Problems* 46 (2): 169 - 186.

Einwohner, Rachel L. 2003. "Opportunity, Honor, and Action in the Warsaw Ghetto Uprising of 1943. ” *The American Journal of Sociology* 109 （3）: 650 - 675.

Ellul, Jacques. 1965. *Propaganda: The Formation of Men's Attitudes.* New York: Vintage Books.

Elster, Jon. 1993. *Political Psychology.* Cambridge: Cambridge University Press.

Emerson, Richard M. 1962. “Power - Dependence Relations. ” *American Sociological Review* 27 （1）: 31 - 41.

Esherick, Joseph W. and Jeffrey N. Wasserstrom. 1990. “Acting Out Democracy: Political Theater in Modern China. ” *The Journal of Asian Studies* 49 （4）: 835 - 865.

Ferree, Myra Marx. 2004. “Stigma, and Silencing in Gender - Based Movements. ” *Research in Social Movements, Conflicts and Change* 25: 85 - 101.

Finkel, Steven E. and James B. Rule. 1986. “Relative Deprivation and Related Psychological Theories of Civil Violence: A Critical Review. ” pp. 47 - 69 in *Research in Social Movements, Conflicts and Change.* Vol. 9. Greenwich: JAI Press.

Fischer, David Hackett. 1977. *Growing Old in America.* New York: Oxford University Press.

Fisher, Jo. 1989. *Mothers of the Disappeared.* Boston: South End Press.

Freeman, Jo. 1979. “Resource Mobilization and Strategy: A Model for Analyzing Social Movement Organization Actions. ” pp. 167 - 89 in *The Dynamics of Social Movements: Resource Mobilization, Social Control, and Tactics,* edited by M. N. Zald and J. D. McCarthy. Cambridge: Winthrop Publishers.

Gamson, William A. 1968. *Power and Discontent.* Homewood: Dorsey Press.

Gamson, William A. 1975. *The Strategy of Social Protest.* Homewood: Dorsey Press.

Gamson, William A. 1988. "Political Discourse and Collective Action. " *International Social Movement Research* 1: 219 – 247.

Gamson, William A. and David S. Meyer. 1996. "Framing Political Opportunity. " pp. 275 – 290 in *Comparative Perspectives on Social Movements*, edited by Doug McAdam, John D. McCarthy, and Mayer Zald. Cambridge: Cambridge University Press.

Gamson, William A. and GadiWolfsfeld. 1993. "Movements and Media as Interacting Systems. " *Annals of the American Academy of Political and Social Science* 528: 114 – 125.

Gartner, Scott Sigmund and Patrick M. Regan. 1996. "Threat and Repression: The Non – Linear Relationship between Government and Opposition Violence. " *Journal of Peace Research* 33: 273 – 287.

Gerhards, Jurgen and Dieter Rucht. 1992. "Mesomobilization: Organizing and Framing in Two Protest Campaigns in West Germany. " *The American Journal of Sociology* 98 (3): 555 – 596.

Gilley, Bruce. 2009. *The Right to Rule: How States Win and Lose Legitimacy.* NY: Columbia University Press.

Gilroy, Paul. 1987. *There Ain't No Black in the Union Jack: The Cultural Politics of Race and Nation.* London: Hutchinson.

Giugni, Marco. 1999. "How Social Movements Matter: Past Research, Present Problems, Future Developments. " pp. xxiii – xxxiii in *How Social Movements Matter: Past Research, Present Problems, Future Developments*, edited by Marco Giugni, Doug McAdam, and Charles Tilly. Minneapolis: University of Minnesota Press.

Giugni, Marco. 1999. *How Social Movements Matter: Past Research, Present Problems, Future Developments.* Minneapolis: University of Minnesota Press.

Goffman, Erving. 1963. *Stigma: Notes on the Management of Spoiled Identity*. London: Penguin Books.

Goffman, Erving. 1969 [1959] . *The Presentation of Self in Everyday Life.* London: Allen Lane, The Penguin Press.

Goldfield, Michael. 1982. "The Decline of Organized Labor: NLRB Union Certification Election Results." *Politics and Society* 11 (2): 167 – 205.

Goldstone, Jack A. and Charles Tilly. 2001. "Threat (and Opportunity): Popular Action and State Response in the Dynamics of Contentious Action." pp. 179 – 194 in *Silence and Voice in the Study of Contentious Politics*, edited by Ronald R. Aminzade et al. Cambridge: Cambridge University Press.

Goodwin, Jeff and Steven Pfaff. 2001. "Emotion Work in High – Risk Social Movements: Managing Fear in the U. S. and East German Civil Rights Movements." pp. 282 – 302 In *Passionate Politics: Emotions and Social Movements*, edited by Jeff Goodwin, James M. Jasper, and Francesca Polletta. Chicago: University of Chicago Press.

Goodwin, Jeff, James M. Jasper and Jaswinder Khattra. 1999. "Caught in a Winding, Snarling Vine: The Structural Bias of Political Process Theory." *Sociological Forum* 14: 27 – 54.

Gould, Kenneth A. 1991. "TheSweet smell of Money: Economic Dependency and Local Environmental Political Mobilization." *Society and Natural Resources* 4 (2): 133 – 150.

Gould, Kenneth A. 1993. "Pollution and Perception: Social Visibility and Local Environmental Mobilization." *Qualitative Sociology* 16 (2): 157 – 178.

Gurney, Joan Neff and Kathleen J. Tierney. 1982. "Relative Deprivation and Social Movements: A Critical Look at Twenty Years of Theory and Research." *The Sociological Quarterly* 23 (1): 33 – 47.

Gurr, Ted Robert. 1969. *Why Men Rebel.* Princeton: Princeton University Press.

Hansen, Mette Halskov. 2008. "Organising the Old: Senior Authority and the Political Significance of a Rural Chinese 'Non – Governmental Organisation'." *Modern Asian Studies* 42 (5): 1057 – 1078.

Hardin, Russell. 1982. *Collective Action.* Baltimore and London: Johns Hopkins University Press.

Hay, Colin. 1994. "Environmental security and state legitimacy." *Capitalism Nature Socialism* 5 (1): 83 – 97.

Heath, Anthony, Roger Jowell and John Curtice. 1985. *How Britain Votes.* Oxford: Pergamon Press.

Hess, David and Brian Martin. 2006. "Repression, Backfire, and the Theory of Transformative Events." *Mobilization: An International Quarterly* 11 (2): 249 – 267.

Hilgartner, Stephen and Charles L. Bosk. 1988. "The Rise and Fall of Social Problems: A Public Arenas Model." *American Journal of Sociology* 94 (1): 53 – 78.

Hirschman, Albert O. 1970. *Exit, Voice, and Loyalty: Responses to Decline in Firms, Organizations, and States.* Cambridge: Harvard University Press.

Ho, Peter. 2001. "Greening Without Conflict? Environmentalism, NGOs and Civil Society in China." *Development and Change* 32 (5): 893 – 921.

Hochschild, Arlie Russell. 1979. "Emotion Work, Feeling Rules, and Social Structure." *The American Journal of Sociology* 85 (3): 551 – 575.

Hu, Hsien Chin. 1944. "The Chinese Concepts of 'Face'." *American Anthropologist* 46 (1): 45 – 64.

Hudson, Robert B. 1988. "Politics and the New Old." pp. 59 –

72 in *Retirement Reconsidered*, edited by R. Morris and S. A. Bass. New York: Springer.

Huntington, Samuel. 1968. *Political Order in Changing Societies*. New Haven: Yale University Press.

Hwang, Kwang - kuo. 1987. "Face and Favor: The Chinese Power Game." *The American Journal of Sociology* 92 (4): 944 - 974.

Jaquette, Jane. 1991. *The Women's Movement in Latin. America: Feminism and the Transition to Democracy*. Boulder: Westview Press.

216

Jenkins, J. Craig and Charles Perrow. 1977. "Insurgency of the Powerless: Farm Worker Movements (1946 - 1972) ." *American Sociological Review* 42 (2): 249 - 268.

Jenkins, J. Craig and Craig M. Eckert. 1986. "Channeling Black Insurgency: Elite Patronage and Professional Social Movement Organizations in the Development of the Black Movement." *American Sociological Review* 51 (6): 812 - 829.

Jennings, M. Kent and Gregory B. Markus. 1988. "Political Involvement in the Later Years: A Longitudinal Survey." *American Journal of Political Science* 32 (2): 302 - 316.

Jennings, M. Kent. 1979. "Another Look at the Life Cycle and Political Participation." *American Journal of Political Science*, 23 (4): 755 - 771.

Jing, Jun. 1999. "Villages Dammed, Villages Repossessed: A Memorial Movement in Northwest China." *American Ethnologist* 26 (2): 324 - 343.

Jing, Jun. 2000. "Environmental Protests in Rural China." pp. 143 - 160 in *Chinese Society: Change, Conflict and Resistance*, edited by Elizabeth J. Perry and Mark Selden. London: Routledge.

Juneja, Renu. 1988. "The Trinidad Carnival: Ritual, Performance, Spectacle, and Symbol. " *Journal of Popular Culture* 21 (4): 87 - 99.

Katz, Irwin and Patricia Gurin, eds. 1969. *Race and the Social Sciences.* New York: Basic Books.

Kenez, Peter. 1985. *The Birth of the Propaganda State: Soviet Methods of Mass Mobilization*, 1917 - 1929. Cambridge: Cambridge University Press.

Kennedy, John James. 2002. "The Face of 'Grassroots Democracy' in Rural China: Real versus Cosmetic Elections. " *Asian Survey* 42 (3): 456 - 482.

Kertzer, David I. 1988. *Ritual, Politics, and Power.* New Haven: Yale University Press.

Kielbowicz, Richard and C. Scherer. 1986. "The Role of the Press in the Dynamics of Social Movements. " *Research in Social Movements, Conflict and Change* 9: 71 - 96.

Kirchheimer, Otto. 1961. *Political Justice: The Use of Legal Procedure for Political Ends.* Princeton: Princeton University Press.

Klandermans Bert and SjoerdGoslinga. 1996. "Media Discourse, Movement Publicity, and the Generation of Collective Action Frames: Theoretical and Empirical Exercises in Meaning Construction. " pp. 312 - 337 in *Comparative Perspectives on Social Movements Opportunities, Mobilizing Structures, and Framing*, edited by Doug McAdam, John D. McCarthy, and Meyer N. Zald. Cambridge: Cambridge University Press.

Klandermans, Bert et al. 1999. "Injustice and Adversarial Frames in a Supranational Political Context: Farmers' Protest in the Netherlands and Spain. " pp. 134 - 147 in *Social Movements in a Globalizing World*, edited by Donatella Della Porta, Hanspeter Kriesi, and Dieter Rucht. New York: St. Martin's Press.

Klandermans, Bert. 1997. *The Social Psychology of Protest* . Oxford: Basil Blackwell.

Kolankiewicz, George. 1988. "Poland and the Politics of Permissible Pluralism. " *Eastern European Politics and Societies* 2 ( 1 ): 152 - 183.

Koopmans, Ruud and Susan Olzak. 2004. "Discursive Opportunities and the Evolution of Right - Wing Violence in Germany. " *The American Journal of Sociology* 110 ( 1 ): 198 - 230.

Kriesi, Hanspeter et al. 1995. *New Social Movements in Western Europe.* Minneapolis: University of Minnesota Press.

Kriesi, Hanspeter. 1989. "New Social Movements and the New Class in the Netherlands. " *The American Journal of Sociology* 94 ( 5 ): 1078 - 1116.

Kurzman, Charles. 1996. "Structural Opportunity and Perceived Opportunity in Social - Movement Theory: The Iranian Revolution of 1979. " *American Sociological Review* 61 ( 1 ): 153 - 170.

Law, Kim S. and Edward J. Walsh. 1983. "The Interaction of Grievances and Structures in Social Movement Analysis: The Case of JUST. " *The Sociological Quarterly* 24 ( 1 ): 123 - 136.

Le Bon, Gustave. 1995. *The Crowd* . New Brunswick: Transaction Pub.

Lewis, Gilbert. 1980. *Day of Shining Red: An Essay on Understanding Ritual.* Cambridge, Eng. : Cambridge University Press.

Li, Lianjiang and Kevin J. O' Brien. 1999. "The Struggleover Village Elections. " pp. 129 - 144 in *The Paradox of China' s Post - Mao Reforms*, edited by Merle Goldman and Roderick MacFarquhar. Cambridge: Harvard University Press.

Li, Lianjiang and Kevin J. O' Brien. 2008. "Protest Leadership in Rural China. " *The China Quarterly* 193: 1 - 23.

Li, Lianjiang. 2001. "Election and Popular Resistance in Rural China." *China Information* 15 (2): 1 - 19.

Li, Lianjiang. 2003. "The Empowering Effect of Village Elections in China." *Asian Survey* 43 (4): 648 - 662.

Li, Lianjiang. 2004. "Political Trust in Rural China." *Modern China* 30 (2): 228 - 258.

Li, Lianjiang. 2008. "Political Trust and Petitioning in the Chinese Countryside." *Comparative Politics* 40 (2): 206 - 226.

Lieberthal, K. 1997. "China's Governing System and Its Impact on Environmental Policy Implementation." *China Environmental Series* 1: 3 - 8.

Lijphart, Arend. 1971. "Comparative Politics and the Comparative Method." *The American Political Science Review* 65 (3): 682 - 693.

Lipsky, Michael. 1968. "Protest as a Political Resource." *The American Political Science Review* 62 (4): 1144 - 1158.

Lofland, John and Rodney Stark. 1965. "Becoming a World - Saver: A Theory of Conversion to a Deviant Perspective." *American Sociological Review* 30 (6): 862 - 875.

Loveman, Mara. 1998. "High - Risk Collective Action: Defending Human Rights in Chile, Uruguay, and Argentina." *American Journal of Sociology* 104 (2): 477 - 525.

Lynch, Daniel C. 1999. *After the Propaganda State: Media, Politics, and "Thought Work" in Reformed China.* Stanford, Calif: Stanford University Press.

MacAloon, John J. 1983. *Rite, Drama, Festival, Spectacle: Rehearsals toward a Theory of Cultural Performance.* Philadelphia: Institute for the Study of Human Issues.

Major, Brenda. 1994. "From Social Inequality to Personal Entitlement: The Role of Social Comparisons, Legitimacy Appraisals, and

Group Membership. ” *Advances in Experimental Social Psychology* 26：293 - 355.

Manion, Melanie. 1996. “The Electoral Connection in the Chinese Countryside. ” *The American Political Science Review* 90 ( 4 )：736 - 748.

Markus, Francis. 2005. “China Riot Village Draws Tourists. ” April 15. http：//news. bbc. co. uk/2/hi/asia - pacific/4448131. stm, Accessed 26 January 2010.

McAdam, Doug and Ronnelle Paulsen. 1993. “Specifying the Relationship Between Social Ties and Activism. ” *The American Journal of Sociology* 99 (3)：640 - 667.

McAdam, Doug, John D. McCarthy and Mayer Zald. 1996. “Introduction：Opportunities, Mobilizing Structures, and Framing - Toward a Synthetic Comparative Perspective on Social Movements. ” pp. 1 - 20 in *Comparative Perspectives on Social Movements*, edited by Doug McAdam, John D. McCarthy and Mayer Zald. Cambridge：Cambridge University Press.

McAdam, Doug, Sidney G. Tarrow and Charles Tilly. 2001. *Dynamics of Contention*. Cambridge：Cambridge University Press.

McAdam, Doug. 1982. *Political Process and the Development of Black Insurgenc*. Chicago：University of Chicago Press.

McAdam, Doug. 1983. “Tactical Innovation and the Pace of Insurgency. ” *American Sociological Review* 48 (6)：735 - 754.

McAdam, Doug. 1988. “Micromobilization Contexts and Recruitment to Activism. ” *International Social Movement Research* 1：125 - 154.

McAdam, Doug. 1989. “The Biographical Consequences of Activism. ” *American Sociological Review* 54 (5)：744 - 760.

McAdam, Doug. 1996. “Conceptual Origins, Current Problems, Future Directions. ” pp. 23 - 40 in*Comparative Perspectives on Social*

Movements, edited by Doug McAdam, John D. McCarthy, and Mayer Zald. Cambridge: Cambridge University Press.

McAdam, Doug. 1999. "The Biographical Impact of Activism." pp. 117 - 146 in *How Social Movements Matter: Past Research, Present Problems, and Future Developments*, edited by Marco Giugni, Doug Mc-Adam, and Charles Tilly. Minneapolis: University of Minnesota Press.

McAdam, Doug. 20 00. "Movement Strategy and Dramaturgic Framing in Democratic States: The Case of the American Civil Rights Movement." pp. 117 - 134 in *Deliberation, Democracy and the Media*, edited by Simone Chambers and Anne Costain. Oxford: Rowman and Littlefield.

McCammon, Holly J. 2003. " 'Out of the Parlors and into the Streets': The Changing Tactical Repertoire of the U. S. Women's Suffrage Movements." *Social Forces* 81 (3): 787 - 818.

McCammon, Holly J. , Karen E. Campbell, Ellen M. Granberg and Christine Mowery. 2001. "How Movements Win: Gendered Opportunity Structures and U. S. Women's Suffrage Movements, 1866 to 1919." *American Sociological Review* 66 (1): 49 - 70.

McCann, Michael W. 1994. *Rights at Work*. Chicago: University of Chicago Press.

McCarthy, John D. 1986. "Prolife and Prochoice Movement Mobilization: Infrastructure Deficits and New Technologies." pp. 49 - 66 in *Social Movements and Resource Mobilization in Organizational Society: Collected Essays*, edited by Mayer N. Zald and John D. McCarthy. New Brunswick: Transaction Books.

McCarthy, John D. 1996. "Constraints and Opportunities in Adopting, Adapting and Inventing." pp. 141 - 151 in *Comparative Perspectives on Social Movements*, edited by Doug McAdam, John D. McCarthy, and Mayer Zald. Cambridge: Cambridge University Press.

McCarthy, John D. and Mark Wolfson. 1996. "Resource Mobilization by Local Social Movement Organizations: Agency, Strategy, and Organization in the Movementagainst Drinking and Driving. " *American Sociological Review* 61 (6): 1070 - 1088.

McCarthy, John D. and Mayer N. Zald. 1977. "Resource Mobilization and Social Movements: A Partial Theory. " *The American Journal of Sociology* 82 (6): 1212 - 1241.

McCarthy, John D. , Clark McPhail and Jackie Smith. 1996. "Images of Protest: Dimensions of Selection Bias in Media Coverage of Washington Demonstrations, 1982 and 1991. " *American Sociological Review* 61 (3): 478 - 499.

McFarland, Daniel A. 2004. "Resistance as a Social Drama: A Study of Change - Oriented Encounters. " *The American Journal of Sociology* 109 (6): 1249 - 1318.

Melucci, Alberto. 1980. "TheNew Social Movements: A Theoretical Approach. " *Social Science Information* 19 (2): 199 - 226.

Meyer, David S. and Debra C. Minkoff. 2004. "Conceptualizing Political Opportunity. " *Social Forces* 82 (4): 1457 - 1492.

Michelson, Ethan. 2006a. "The Practice of Law as an Obstacle to Justice: Chinese Lawyers at Work. " *Law and Society Review* 40 (1): 1 - 38.

Michelson, Ethan. 2006b. "Connected Contention: Social Resources and Petitioning the State in Rural China. " unpublished manuscript.

Minkoff, Debra C. 1997. "The Sequencing of Social Movements. " *American Sociological Review* 62 (5): 779 - 799.

Missingham, Bruce. 2002. "The Village of the Poor Confronts the State: A Geography of Protest in the Assembly of the Poor. " *Urban Studies* 39 (9): 1647 - 1663.

Morris, Aldon D. 1984. *The Origins of the Civil Rights Movement: Black Communities Organizaing for Change.* New York: Free Press.

Morris, Aldon D. 1993. "Birmingham Confrontation Reconsidered: An Analysis of the Dynamics and Tactics of Mobilization." *American Sociological Review* 58 (5): 621 - 636.

Moser, Annalise. 2003. "Acts of Resistance: The Performance of Women's Grassroots Protest in Peru." *Social Movement Studies: Journal of Social, Cultural and Political Protest* 2 (2): 177 - 190.

Nieburg, H. L. 1973. *Culture Storm: Politics and the Ritual Order.* New York: St. Martin's.

O'Brien, Kevin J. 1996. "Rightful Resistance." *World Politics* 49 (1): 31 - 55.

Oberschall, Anthony. 1973. *Social Conflict and Social Movements.* Englewood Cliffs: Prentice Hall.

O'Brien, Kevin J. 1994. "Implementing Political Reform in China's Villages." *The Australian Journal of Chinese Affairs* 32: 33 - 59.

O'Brien, Kevin J. 2001. "Villagers, Elections, and Citizenship in Contemporary China." *Modern China* 27 (4): 407 - 435.

O'Brien, Kevin J. and Lianjiang Li. 1999. "Selective Policy Implementation in Rural China." *Comparative Politics* 31 (2): 167 - 186.

O'Brien, Kevin J. and Lianjiang Li. 2000. "Accommodating 'Democracy' in a One - Party State: Introducing Village Elections in China." *The China Quarterly* 162: 465 - 489.

O'Brien, Kevin J. and Lianjiang Li. 2005. "Popular Contention and its Impact in Rural China." *Comparative Political Studies* 38: 235 - 259.

O'Brien, Kevin J. and Lianjiang Li. 2006. *Rightful Resistance in Rural China.* Cambridge: Cambridge University Press.

O' Brien, Kevin. 2002. "Neither Transgressive Nor Contained: Boundary - Spanning Contention in China. " *Mobilization: An International Quarterly* 8 (1): 51 - 64.

Offe, Claus. 1985. "New Social Movements: Challenging the Boundaries of Institutional Politics. " *Social Research* 52 (4): 817 - 868.

Oi, Jean C. 1992. "Fiscal Reform and the Economic Foundations of Local State Corporatism in China. " *World Politics* 45 (1): 99 - 126.

Oi, Jean C. 1995. "The Role of the Local State in China's Transitional Economy. " *The China Quarterly* 144: 1132 - 1149.

Olien, C. N. E Tichenoir and G. Donohue. 1989. "Media Coverage and Social Movements. " pp. 139 - 163 in *Information Campaigns: Balancing Social Values and Social Change*, edited by C. T. Salmon. Newbury Park: Sage.

Olson, Mancur. 1965. *The Logic of Collective Action*. Cambridge: Harvard University Press.

Olzak, Susan and S. C. Noah Uhrig. 2001. "The Ecology of Tactical Overlap. " *American Sociological Review* 66 (5): 694 - 717.

Opp, Karl - Dieter and Christiane Gern. 1993. "Dissident Groups, Personal Networks, and Spontaneous Cooperation: The East German Revolution of 1989. " *American Sociological Review* 58 (5): 659 - 680.

Opp, Karl - Dieter and Wolfgang Roehl. 1990. "Repression, Micromobilization and Political Protest. " *Social Forces* 69 (2): 521 - 547.

Perry, Elizabeth J. 2002. "Moving The Masses: Emotion Work in The Chinese Revolution. " *Mobilization: An International Quarterly* 7 (2): 111 - 128.

Pfaff, Steven and Guobin Yang. 2001. "Double - Edged Rituals and the Symbolic Resources of Collective Action: Political Commemorations and the Mobilization of Protest in 1989. " *Theory and Society* 30 (4): 539 - 589.

Piven, Frances Fox and Richard A. Cloward. 1979. *Poor People's Movements: Why They Succeed, How They Fail*. New York: Vintage Books.

Piven, Frances and Richard Clward. 1995. "Collective Protest: A Critique of Resource - Mobilization Theory. " pp. 137 - 67 in *Social Movements: Critique, Concepts, Case - Studies*, edited by Stanford Lyman. New York: New York University Press.

Popkin, Samuel L. 1979. *The Rational Peasant: The Political Economy of Rural Society in Vietnam*. Berkeley: University of California Press.

Rasler, Karen. 1996. "Concessions, Repression, and Political Protest in the Iranian Revolution. " *American Sociological Review* 61 (1): 132 - 152.

Rochon, Thomas R. 1988. *Mobilizing for Peace: The Antinuclear Movements in Western Europe*. Princeton: Princeton University Press.

Rochon, Thomas R. and Daniel A. Mazmanian. 1993. "Social Movements and the Policy Process. " *Annals of the American Academy of Political and Social Science* 528: 75 - 87.

Rudé, George E. F. 1980. *Ideology and Popular Protest*. New York: Knopf.

Sawyers, Traci M. and David S. Meyer. 1999. "Missed Opportunities: Social Movement Abeyance and Public Policy. " *Social Problems* 46 (2): 187 - 206.

Schechner, Richard. 1998. "From The Street is the Stage. " pp. 196 - 207 in *Radical Street Performance*, edited by Jan Cohen - Cruz. London: Routledge.

Schnaiberg, Allan. 1980. *The Environment: From Surplus to Scarci-*

ty. New York: Oxford University Press.

Schwartz, Jonathan. 2004. "Environmental NGOs in China: Roles and Limits. " *Pacific Affairs* 77 (1): 28 - 49.

Scott, James C. 1986. *Weapons of the Weak : Everyday Forms of Peasant Resistance* . New Haven: Yale University Press.

Scott, James C. 1990. *Domination and the Arts of Resistance: Hidden Transcripts.* New Haven: Yale University Press.

Selznick, Philip. 1966 [1949] . *TVA and the Grass Roots: A Study in the Sociology of Formal Organization.* New York: Harper and Row.

226

Sewell, William H. 1996. "Historical Events as Transformations of Structures: Inventing Revolution at the Bastille. " *Theory and Society* 25 (6): 841 - 881.

Sewell, William H. Jr. 2001. "Space in Contentious Politics. " pp. 51 - 88 in *Silence and Voice in the Study of Contentious Politics*, edited by Jack A Goldstone Ronald R. Aminzade, Doug McAdam, Elizabeth J. Perry, William H. Sewell, Jr. , Sidney Tarrow, and Charles Tilly. Cambridge: Cambridge University Press.

Shepard, Benjamin. 2010. *Queer Political Performance and Protest.* New York: Routledge.

Sherkat, Darren E. and T. Jean Blocker. 1997. "Explaining the Political and Personal Consequences of Protest. " *Social Forces* 75 (3): 1049 - 1070.

Shi, Fayong and Yongshun Cai. 2006. "Disaggregating the State: Networks and Collective Resistance in Shanghai. " *The China Quarterly* 186 (1): 314 - 332.

Shi, Tianjian. 1999a. "Village Committee Elections in China: Institutionalist Tactics for Democracy. " *World Politics* 51 (3): 385 - 412.

Shi, Tianjian. 1999b. "Voting and Nonvoting in China: Voting

Behavior in Plebiscitary and Limited – Choice Elections. ” *Journal of Politics* 61 （4）：1115 – 1139.

Singerman, Diane. 2004. “The Networked World of Islamist Social Movements. ” pp. 143 – 163 in *Islamic Activism：A Social Movement Theory Approach*, edited by QuintanWiktorowicz. Bloomington：Indiana University Press.

Smulovitz, Catalina and Enrique Peruzzotti. 2000. “Societal Accountability in Latin America. ” *Journal of Democracy* 11 （4）：147 – 158.

Snow, David A. 1979. “A Dramaturgical Analysis of Movement Accommodation：Building Idiosyncrasy CreditAs a Movement Mobilization Strategy. ” *Symbolic Interaction* 2 （2）：23 – 44.

Snow, David A. and Robert D. Benford. 1988. “Ideology, Frame Resonance and Participant Mobilization. ” *International Social Movement Research* 1：197 – 217

Snow, David A. and Robert D. Benford. 1992. “Master Frames and Cycles of Protest. ” pp. 133 – 155 in *Frontiers and Participant Mobilization Theory*, edited by Aldon D. Morris, and Carol M. Mueller. New Haven：Yale University Press.

Snow, David A. , E. Burke Rochford, Jr. , Steven K. Worden and Robert D. Benford. 1986. “Frame Alignment Processes, Micromobilization, and Movement Participation. ” *American Sociological Review* 51 （4）：464 – 481.

Snow, David A. , Louis A. Zurcher, Jr. and Ekland – Olson Sheldon. 1980. “Social Networks and Social Movements：A Microstructural Approach to Differential Recruitment. ” *American Sociological Review* 45 （5）：787 – 801.

Southwell, Priscilla Lewis and Marcy Jean Everest. 1998. “The Electoral Consequences of Alienation：Nonvoting and Protest Voting in the

1992 Presidential Race. " *The Social Science Journal* 35 (1): 43 - 51.

Stack, Michelle. 2008. "Spectacle and Symbolic Subversion. " *Journal of Children and Media* 2 (2): 114 - 128.

Staggenborg, Suzanne. 1989. "Stability and Innovation in the Women's Movement: A Comparison of Two Movement Organizations. " *Social Problems* 36 (1): 75 - 92.

Stalley, Phillip and Dongning Yang. 2006. "An Emerging Environmental Movement in China?" *The China Quarterly* 186: 333 - 356.

Stinchcombe, Arthur L. 1987. "Review of the Contentious French. " *American Journal of Sociology* 93 (5): 1248 - 1249.

Stone, Clarence N. 1988. "Preemptive Power: Floyd Hunter's 'Community Power Structure' Reconsidered. " *American Journal of Political Science* 32 (1): 82 - 104.

Sun, Yanfei and Dingxin Zhao. 2008. "Environmental Campaigns. " pp 144 - 62 in *Popolar Protest in China*, edited by Kevin J. O'Brien. Cambridge: Harvard University Press.

Szerszynski, Bronislaw. 1999. "Performing Politics: The Dramatics of Environmental Protest. " pp. 211 - 28 in *Economy after the Cultural Turn*, edited by Larry Ray and Andrew Sayer. London: Sage.

Szerszynski, Bronislaw. 2002. "Ecological Rites: Ritual Action in Environmental Protest Events. " *Theory, Culture and Society* 19 (3): 51 - 69.

Tang, Yuan Yuan. 2005. "When Peasants Sue En Masse: Large - scale Collective ALL Suits in Rural China. " *China: An International Journal* 3 (1): 24 - 49.

Tarrow, Sidney. 1988. "National Politics and Collective Action: Recent Theory and Research in Western Europe and the United States. " *Annual Review of Sociology* 14: 421 - 440.

Tarrow, Sidney. 1989. *Democracy and Disorder: Protest and Poli-*

*tics in Italy* 1965 – 1975. Oxford: Clarendon Press.

Tarrow, Sidney. 1993a. "Cycles of Collective Action: Between Moments of Madness and the Repertoire of Contention." *Social Science History* 17 (2): 281 – 307.

Tarrow, Sidney. 1993b. "Social Protest and Policy Reform: May 1968 and the Loid' Orientation in France." *Comparative Political Studies* 25 (4): 579 – 607.

Tarrow, Sidney. 1996. "States andOpportunities: The Political Structuring of Social Movement." pp. 41 – 61 in *Comparative Perspectives on Social Movements*, edited by Doug   McAdam, John D. McCarthy and Mayer N. Zald. Cambridge: Cambridge University Press.

Tarrow, Sidney. 1998. *Power in Movement.* New York: Cambridge University Press.

Taylor, D. 1998. "Making a Spectacle: The Mothers of the Plaza de Mayo." pp. 74 – 85 in *Radical Street Performance*, edited by J. Cohen – Cruz. London: Routledge.

Taylor, Verta. 1989. "Social Movement Continuity: The Women' s Movement in Abeyance." *American Sociological Review* 54 (5): 761 – 775.

Thompson, E. P. 1993. *Customs in Common.* New York: New Press.

Tilly, Charles. 1978. *From Mobilization to Revolution.* McGraw – Hill.

Tilly, Charles. 1986. *The Contentious French.* Cambridge: Belknap Press of Harvard University Press.

Tilly, Charles. 1993. "Contentious Repertoires in Great Britain, 1758 – 1834." *Social Science History* 17 (2): 253 – 280.

Tilly, Charles. 1995. "Contentious Repertoires in Great Britain, 1758 – 1834." pp. 15 – 42 in *Repertoires and Cycles of Collective Ac-*

tion, edited by Mark Traugott. Durham and London: Duke University Press.

Tilly, Charles. 1998. "Contentious Conversation." *Social Research* 65 (3): 491 - 510.

Tilly, Charles. 2000. "Spaces of Contention." *Mobilization: An International Quarterly* 5: 135 - 159.

Tocqueville, Alexis de. 1994 [1835]. *Democracy in America*. New York: Knopf.

Tong, James. 2002. "Anatomy of Regime Repression in China: Timing, Enforcement Institutions, and Target Selection in Banning the Falungong, July 1999." *Asian Survey* 42 (6): 795 - 820.

Tong, Yanqi. 1994. "State, Society, and Political Change in China and Hungary." *Comparative Politics* 26 (3): 333 - 353.

Tong, Yanqi. 2005. "Environmental Movements in Transitional Societies: A Comparative Study of Taiwan and China." *Comparative Politics* 37 (2): 167 - 188.

Tong, Yanqi. 2007. "Bureaucracy Meets the Environment: Elite Perceptions in Six Chinese Cities." *The China Quarterly* 189: 100 - 121

Tsai, Lily L. 2007. "Solidary Groups, Informal Accountability, and Local Public Goods Provision in Rural China." *American Political Science Review* 101 (2): 355 - 372.

Tullock, Gordon. 1987. *The Politics of Bureaucracy*. Lanham: University Press of America.

Tyler, Tom R. and Heather Smith. 1998. "Social Justice and Social Movements." pp. 595 - 626 in *Handbook of Social Psychology*. 4th ed., edited by D. Gilbert, S. T. Fiske, and G. Lindzey. New York: McGraw - Hill.

Valeri, Valerio. 1985. *Kingship and Sacrifice: Ritual and Society in Ancient Hawaii*. Chicago: University of Chicago Press.

230

vanZomeren, Martijin. 2006. *Social – Psychological Paths to Protest: An Integrative Perspective*. PhD dissertation, Department of Social Psychology, University of Amsterdam, The Netherlands.

Walsh, Edward J. 1981. "Resource Mobilization and Citizen Protest in Communities around Three Mile Island. " *Social Problems* 29 (1): 1 – 21.

Walsh, Edward J. and Rex H. Warland. 1983. "Social Movement Involvement in the Wake of a Nuclear Accident: Activists and Free Riders in the TMI Area. " *American Sociological Review* 48 (6): 764 – 780.

Waltz, Mitzi. 2005. *Alternative and Activist Media*. Edinburgh: Edinburgh University Press

Wang, Xu. 1997. "Mutual empowerment of state and peasantry: Grassroots democracy in rural China. " *World Development* 25 (9): 1431 – 1442.

Ward, R. A. 1979. *The Aging Experiences: An Introduction to Social Gerontology*. New York: J. B. Lippincott.

Watts, Jonathan. 2005. "A Bloody Revolt in a Tiny Village Challenges the Rulers of China. " April 15. http: //www. guardian. co. uk/ world/2005/apr/15/china. jonathanwatts. Accessed 26 January 2010.

Weller, Robert P. and Hsin – Huang M. Hsiao. 1998. "Culture, Gender and Community in Taiwan's Environmental Movement. " pp. 83 – 109 in *Environmental Movements in Asia*, edited by Arne Kalland and Gerard Persoon. Richmond: Curzon Press.

White, Robert. 1989. "From Peaceful Protest to Guerrilla War: Micromobilization of the Provisional Irish Republican Army. " *American Journal of Sociology* 94 (6): 1277 – 1302.

Wiktorowicz, Quintan. 2000. "The Salafi Movement in Jordan. " *International Journal of Middle East Studies* 32 (2): 219 – 240.

Wilson, James Q. 1961. "The Strategy of Protest: Problems of Negro

Civic Action." *The Journal of Conflict Resolution* 5 (3): 291 – 303.

Wood, Elisabeth Jean. 2003. *Insurgent Collective Action and Civil War in El Salvador* . Cambridge: Cambridge University Press.

Wright, Teresa. 1999. "State Repression and Student Protest in Contemporary China." *The China Quarterly* 157: 142 – 172.

Yang, Guobin. 2003. "Weaving a Green Web: The Internet and Environmental Activism in China." *China Environment Series* 6: 89 – 92.

Yang, Guobin. 2005a. "Emotional Events and the Transformation of Collective Action: The Chinese Student Movement." pp. 79 – 98 in *Emotions and Social Movements*, edited by Helena Flam and Debra King. London: Routledge.

Yang, Guobin. 2005b. "Environmental NGOs and Institutional Dynamics in China." *The China Quarterly* 181: 46 – 66.

Yang, Guobin. 2009. *The Power of the Internet in China: Citizen Activism Online.* New York: Columbia University Press.

Yashar, Deborah J. 1998. "Contesting Citizenship: Indigenous Movements and Democracy in Latin America." *Comparative Politics* 31 (1): 23 – 42.

Yu, Liu. 2010. "Maoist Discourse and the Mobilization of Emotions in Revolutionary China." *Modern China* 36 (3): 329 – 362.

Zhao, Dingxin. 1998. "Ecologies of Social Movements: Student Mobilization during the 1989 Prodemocracy Movement in Beijing." *The American Journal of Sociology* 103 (6): 1493 – 1529.

Zhao, Dingxin. 2001. *The Power of Tiananmen: State – Society Relations and the 1989 Beijing Student Movement.* Chicago: University of Chicago Press.

Zhao, Dingxin. 2009. "Organization and Place in the Anti – U. S. Chinese Student Protestsafter the 1999 Belgrade Embassy Bombing." *Mobilization: An International Quarterly* 14: 107 – 129.

Zhong, Yang and Jie Chen. 2002. "To Vote or Not to Vote: An Analysis of Peasants' Participation in Chinese Village Elections." *Comparative Political Studies* 35 (6): 686 – 712.

Zhou, Xueguang. 1993. "Unorganized Interests and Collective Action in Communist China." *American Sociological Review* 58 (1): 54 – 73.

Zolberg, Aristide R. 1972. "Moments of Madness." *Politics and Society* 2 (2): 183 –207.

Zuo, Jiping and Robert D. Benford. 1995. "Mobilization Processes and the 1989 Chinese Democracy Movement." *The Sociological Quarterly* 36 (1): 131 – 156.

D市市政府，2008，《认清形势抓住机遇：努力实现"三城同创"工作目标——关于开展"三城同创"的调查与思考》，《创建简报》，第7期。

白宇、胡岑岑，2009，《陕西横山官煤勾结教师被停课回家阻止亲属上访》，中国之声《新闻纵横》，7月28日，http://www.cnr.cn/china/newszh/huigu/200907/t20090728_505413756.html，获取日期：2010年1月24日。

常红晓，2007，《"一号文件"昨颁，陈锡文解读"新农村建设元年"》，财经网，1月30日，http://www.caijing.com.cn/2007-01-30/100016039.html，获取日期：2010年3月6日。

戴玉达，2006，《污染始于规划：叩问浙江D市华镇事件》，《第一财经日报》，9月11日。

单昌瑜，2005，《我市清理桃源非法搭建竹棚受群众围堵》，《D市日报》，4月11日。

邓飞，2009，《中国近百癌症村悲歌：数万病患或被牺牲》，网易探索，5月9日，http://discover.news.163.com/09/0509/09/58S54U2P000125LI_3.html，获取日期：2010年5月20日。

邓燕华、阮横俯，2008，《银色力量何以可能？——以浙江老年协会为例》，《社会学研究》，第 6 期。

费孝通，1998，《乡土中国、生育制度》，北京：北京大学出版社。

傅丕毅，2005，《D 市桃源工业功能区竹棚顺利拆除》，《浙江内参》，第 21 期。

何包钢、郎友兴，2000，《村民选举对村级权力结构与运作的影响》，《香港社会科学》，第 16 期。

贺雪峰，2000，《论半熟人社会——理解村委会选举的一个视角》，《政治学研究》，第 3 期。

234

江泽民，2000，《在中央思想政治工作会议上的讲话》，6 月28 日。

鞠靖，2007，《给基层环保官员更大空间——一位资深省环保局局长的 15 年心历》，《南方周末》，3 月 22 日。

孔令泉，2009，《平湖蝌蚪案环保维权 14 年》，《民主与法制时报》，6 月 8 日。

李和平，2005，《印象中的"4. 10"事件——庶民的胜利》，选举与治理网，http：//www. chinaelections. org/NewsInfo. asp? NewsID = 1538，获取日期：2010 年 1 月 10 日。

李薇薇、李柯勇、谢登科，2004，《政协委员呼吁解决 4000 万"三无村民"生活保障问题》，新华社新华视点，3 月 2 日，http：//www. people. com. cn/GB/shizheng/8198/31983/32189/2370699. html，获取日期：2010 年 3 月 7 日。

李源，2005，《当追逐经济利益遭遇环保风暴和能源危机》，《中国新时代》，2 月 24 日。

刘闯，2009，《科学依法处置农村群体性事件的实践与思考》，http：//kexue. xinjian. gov. cn/ktdy/ktdy/20090612/303. html，获取日期：2010 年 1 月 20 日。

刘剑，2003，《开发区的出路在哪里——五部委联合督查组本刊随行记者谈》，《中国土地》，第 10 期。

刘世昕，2006a，《环境执法面临"三高两多"》，《中国青年报》，10 月 27 日。

刘世昕，2006b，《污染企业头顶上有多少保护伞》，《中国青年报》，10 月 27 日。

刘越山，2008，《加快农村小区建设、浙鲁苏推乡村合并——我国农村出现大村庄发展趋势》，《人民日报》（海外版），1 月 30 日。

卢相府，2005a，《"D 市华镇事件"现场报道》，http：//news. chinaelections. org/NewsInfo. asp？NewsID = 9335，获取日期：2010 年 1 月 13 日。

卢相府，2005b，《"4. 10D 市华镇事件"被捕村民家属访谈》，http：//www. peacehall. com/news/gb/china/2005/11/200511212353. shtml，获取日期：2010 年 6 月 4 日。

卢相府，2005c，《浙江"4. 10D 市华镇事件"的根源与演变》，http：//www. boxun. com/hero/200903/wmq/3_1. shtml，获取日期：2010 年 5 月 20 日。

孟建柱，2009，《着力强化五个能力建设提升维护稳定水平》，《求是》，第 23 期。

欧阳海燕，2010，《我国进入环境问题敏感期、8 成人担心饮水》，《小康》，第 4 期。

潘岳，2004，《环境保护与公众参与》，《中国减灾》，第 6 期。

郄建荣，2009，《一线环保执法薄弱、基层局长仕途屡遭"滑铁卢"》，《法制日报》，9 月 21 日。

宋元，2005，《浙江 D 市环保纠纷冲突真相》，《凤凰周刊》，第 13 期。

苏显龙，2006，《农村不是污染"避难所"》，《人民日报》，9 月 13 日。

孙丹平，2001，《污染官司为什么难打》，《北京青年报》，5 月 15 日。

汤小俊，2003，《督查印象录——一个记者的督查随行记录》，《中国土地》，第 11 期。

涂重航，2009，《通钢副总否认高层策划通钢事件》，《新京报》，8 月 2 日。

王嘉、韩朴鲁，2005，《河北定州 611 袭击村民事件始末》，《三联生活周刊》，6 月 27 日。

王守泉，2005，《拆迁要动用黑社会手段？》，《检察日报》，9 月 1 日。

夏长勇，2005，《严肃查处环境违法案件，坚决维护人民群众利益》，《人民日报》，4 月 27 日。

闫海超，2007，《污染受害者为何屡陷刑罚怪圈》，《中国环境报》，2 月 14 日。

颜明光，2009，《妥善处置群体性突发事件，维护和谐稳定的社会环境——我镇处置沙澳村群体性事件的成功经验与启示》，http：//www. hcq. gov. cn/zwgk/Show. aspx？id = 20711，获取日期：2010 年 5 月 9 日。

燕明，2006，《D 市华镇冲突事件八位村民被判刑》，中国选举与治理网，1 月 10 日，http：//www. chinaelections. com/NewsInfo. asp？NewsID = 44413，获取日期：2010 年 4 月 15 日。

杨东平，2010，《中国环境发展报告（2010）》，北京：社会科学文献出版社。

姚斌，2010，《江苏溧阳 200 余名村民围堵道路、跪求污染企业撤离》，人民网，5 月 6 日，http：//cq. people. com. cn/News/201056/201056133230. htm，获取日期：2010 年 5 月 20 日。

应星，2001，《大河移民上访的故事》，北京：三联书店。

于建嵘，2004，《当代中国农民的以法抗争》，《社会学研究》，第 2 期。

翟学伟，2005，《面子、人情与权力的再生产》，北京：北京大学出版社。

张沉，2007，《潘岳痛斥地方环保保护伞，坦言一次比一次吃力》，《经济观察报》，1 月 14 日。

张周来、沈翀、刘海，2007，《污染企业"转战"农村"路线图"：广大农村正在为污染企业的"战略转移"而付出沉重代价》，《新华每日电讯》，8 月 19 日。

章剑，2009，《嘉兴环保局章剑：变群众"闹事"为环保"好事"》，9 月 22 日，http：//env. people. com. cn/GB/10096415. html，获取日期：2010 年 1 月 26 日，。

赵晓，2006，《生态省建设一类目标一票否决》，《中国环境报》，3 月 29 日。

赵晓、黄裕侃、周兆木，2006，《治旧控新、监建并举 ——浙江省开展"811"环境污染整治纪实》，《浙江日报》，6 月 5 日。

中国环保部，2009，《中国环境状况公报》。

周甲禄、项开来、张周来，2007，《污染下乡之痛》，《半月谈》，第 15 期。

周生贤，2006，《推动历史性转变、开创环保工作新局面》，新华网，4 月 19 日 http：//news. xinhuanet. com/politics/200604/19/content_ 4449310. htm，获取日期：2010 年 5 月 10 日。